我的命运我做主

振鲁 ◎ 编著

中国纺织出版社有限公司

内容提要

每个人的命运，只能靠自己设计，靠自己改变。身处命运低谷的人，都要记住，只有勇于抗争、知难而进、勇于跟厄运搏击，才能最终得到命运之神的精美馈赠。

本书是一本励志读物，它通过大量通俗易懂且韵味深长而富有哲理的事例，告诫那些身处命运低谷的年轻人，唯有靠自己的双手拼搏和努力，才是改变命运、获得成功的不二法门。只有努力努力再努力，才不会辜负生命的意义。

图书在版编目（CIP）数据

我的命运我做主／振鲁编著．--北京：中国纺织出版社有限公司，2021.2
ISBN 978-7-5180-7884-4

Ⅰ．①我… Ⅱ．①振… Ⅲ．①成功心理—青少年读物 Ⅳ．①B848.4-49

中国版本图书馆CIP数据核字（2020）第175374号

责任编辑：张 羽　　责任校对：韩雪丽　　责任印制：储志伟

中国纺织出版社有限公司出版发行
地址：北京市朝阳区百子湾东里A407号楼　邮政编码：100124
销售电话：010—67004422　传真：010—87155801
http://www.c-textilep.com
中国纺织出版社天猫旗舰店
官方微博http://weibo.com/2119887771
三河市宏盛印务有限公司印刷　各地新华书店经销
2021年2月第1版第1次印刷
开本：880×1230　1/32　印张：6
字数：103千字　定价：25.00元

凡购本书，如有缺页、倒页、脱页，由本社图书营销中心调换

前言

生活中，我们经常提到"命运"一词，可以说，失败者听信命运的安排，成功者把控自己的命运。而生活中，无论现在的你身处何种境地，只要不把你的命运交给别人，你就能决定自己的命运，你就能靠自己的双手成功。

人生是一场漫长的旅途，这条路不会一帆风顺，但无论我们遇到什么，我们都要自己走，因为我们每个人都是自己命运的主宰，都要把命运掌握在自己的手中。因为只有我们自身强大起来，才能坦然面对人生的风雨泥泞和坎坷，也才能最终成就辉煌的人生。

莎士比亚曾说："假使我们自己将自己比作泥土，那就真要成为别人践踏的东西了。"如果你自甘低贱，屈服于命运，那命运的轨迹就很难自动转弯。

然而，我们发现，现实生活中，不少人总是把希望寄托在他人身上。诸如很多青少年在父母的供养下大学毕业后，还希望父母能够继续资助他们买房结婚，有了孩子之后，也要求父母必须帮助他们养大孩子。还有些人在工作中始终无法独当一面，也是因为一直不给自己机会锻炼，做任何工作都要亦步亦趋地请示领导，从而避免自己承担责任。试想，假如领导愿意事必躬亲，又何需这些下属呢？

一个依赖他人的人，能够在人生的海平面上为自己掌舵吗？当狂风暴雨突然来临，他能坦然面对恶劣的环境吗？答案是否定的。当然，我们并不能彻底主宰命运，但是至少在相同的环境下，独立且有主见的人更能够操控自己的人生，从而驾驶生命之舟驶向人生的彼岸。

对于任何一个青少年而言，人生都应该是靠自己的双手创造出来的。一味地乞求得到他人的施舍，妄想着不劳而获，根本不可能获得成功的人生。一个人要想傲然屹立于世，就一定要树立坚定的信念：依靠自己的力量获得成功。归根结底，只有我们自己才是命运的主宰，外界的力量和影响即使再强大，也无法超越我们内心的力量。从这个角度而言，假如我们想要获得成功的人生，就应该靠自己的力量改变命运。不管我们的处境多么艰难坎坷，我们都应该坚定不移地依靠自己的力量，始终心怀希望，向着美好的未来不懈奔跑。最终能够依靠自己趟过苦难的我们，也必然拥有更加强大的内心，更加坚定的信念，从而使我们的人生拥有比他人更多的灿烂辉煌。

任何一个人，不管是对于生活，还是对于工作，要能够独自面对。尤其是在人生中遭遇挫折和坎坷的时候，我们只有勇敢面对，绝不放弃，即便在没有人帮助的情况下也能够勉力支撑，才能最终熬过苦难，获得人生的柳暗花明。

要想做到这点，你还需要一个心灵导师，本书就是一本给人力量、促人奋斗的正能量书。它教你如何调整自己的心态，懂得规划自己的人生，让你找到奋斗的方向，看完本书，你会获得力量，会找到自己热爱的事业，最终驾驭自己的人生，实现自己的人生价值！

编著者

2020年6月

目录

第一章　少年，你今后的人生都把握在现在的你手中　‖001

　　人生的方向盘需要自己去把握　‖002

　　你要成为自己人生的设计师　‖005

　　命运的道路是由想法铺筑的　‖008

　　每天进步一点点，才能进步一大截　‖012

　　做好自己，让结果不留遗憾　‖016

第二章　你要相信，积极改变命运的你就是最出色的　‖021

　　相信自己，无所畏惧地迈出第一步　‖022

　　人必须相信自己，这是成功的秘诀　‖026

　　只有从内心做起，我们才会成为真正自信的人　‖029

　　你，正如你所思　‖032

　　看清自己的价值，你是独一无二的　‖035

第三章　命运藏在思想里，正向思维给你指引成功之路　‖041

　　正向思维，积极的信念让你在人生路上勇往直前　‖042

带着大脑忙碌，思考应该成为年轻人的常态 ‖045

充满激情，你就拥有了成功的精神力量 ‖048

改变现状，先要让自己积极乐观起来 ‖051

早点觉悟，早点改变你的命运 ‖054

第四章 非凡的人生，需要用当下的努力和奋斗来谱写 ‖061

青春，你的代名词应该是努力和奋斗 ‖062

思维有主见，不被人牵着鼻子走 ‖064

成就现在的每一天，也就是在成就未来 ‖069

做足准备，静等机遇到来 ‖072

越努力，越幸运 ‖074

第五章 做少年行动派，否则一切梦想和努力皆是虚妄 ‖079

行动起来，才有可能成就大事 ‖080

勤奋，是走向成功的最基本条件 ‖082

行动是架在现实和理想之间的桥梁 ‖085

超越自我，才有改变世界的力量 ‖089

绝不拖延，说干就干 ‖093

第六章 人生处处有危机，谁坚持到最后谁就是赢家 ‖099

坚定不移地做自己决定的事情，永不停歇 ‖100

再努力一次，就能够获得期待已久的成功 ‖102

再坚持一下，成功总会来到 ‖106

持之以恒的努力，终会柳暗花明 ‖110

相信自己，坚守心中的那块"土地" ‖114

第七章 战胜自己的弱点，
更好的自己才配得上更好的命运 ‖119

迎难而上，才是真正的勇者 ‖120

对自己狠一点，改正坏习惯 ‖123

得过且过，只能蹉跎一生 ‖126

有一颗敢于改变自己的心，才能实现完美蜕变 ‖131

除了你自己，没有人能打败你 ‖135

第八章 乐观面对眼前生活，
跨越了坎坷才能迎来生命的惊喜 ‖141

对命运不屈服，就能赢得好运的青睐 ‖142

摆正心态，没有打不倒的困难 ‖145

矛盾永远存在，逃避无法解决问题 ‖148

调整好心态，善于将不利转化为有利 ‖150

不要埋怨生活的不幸，它会让你更加成熟 ‖154

第九章 命运躲在努力中，让自己强大才有能力掌控命运 ‖161

你的价值应该体现在你成长的过程之中 ‖162

你不主动进取，就会被淘汰 ‖165

逼自己一把，才知道自己多优秀 ‖168

不断完善自己，使自己变得不可替代 ‖172

直面竞争，在竞争中提升潜能 ‖176

参考文献 ‖181

第一章

少年，你今后的人生都把握在现在的你手中

人生的方向盘需要自己去把握

高考将近，杨海林已经被保送到了大学。陈默也不愁，父亲早已为他联系好了一所国外的学校，到时候，他直接去国外读书，毕业之后回国接手爸爸的事业，人生之路一帆风顺。班上很多同学都很羡慕陈默，可陈默却一点也不觉得高兴。

陈默和几个好朋友在一起的时候，他们总会发出"人活着到底是为了什么"这样的疑问。这些朋友甚至包括是模范学生的杨海林，只不过杨海林随便叹叹，过后就忘了。

可是陈默不一样，这个问题一直纠缠在他的脑子里。有时候，他想："难道是因为人生都被爸爸安排好了，才会这样？"而且，他一直很羡慕国外的教育和生活方式，老早就期盼着了。怎么现在快要去了，反而生出很多茫然？

反正是要出国了，高考参加不参加都无所谓，陈默就将时间花在了这个哲学问题上，到底自己想要什么样的人生？在网上，在图书馆，陈默看了很多的信息资料，这个说，人生是一个过程，一定要努力实现自己的梦想；那个说，人生就是一段旅程，一定要好好地享受生活……反正是众说纷纭，莫衷一是。陈默看来看去，一头雾水，还是找不到自己人生的方向。

思考了一段时间之后仍找不到答案，陈默放弃了，心想：反正也想不出个所以然，何必浪费那个时间，还不如好好玩一段时间再说呢。慢慢地，他掉进网络游戏的陷阱当中去了。星期天，陈默来找杨海林一起玩，中午就在杨海林家里吃饭。吃饭的时候，陈默跟杨海林说起他最近玩的那个游戏，说得是眉飞色舞、唾沫横飞。杨海林爸爸在一旁皱起了眉头，高考在即了，还有心思玩游戏。杨海林爸爸将心里的想法说出来了。

"叔叔，我爸已经联系好了国外的学校。"陈默毫不在意，"我就等着高考完了出国，人生就那么回事，现在不玩以后不一定有机会玩了。"

听到这话，杨海林爸爸眉头皱得更深了，说："杨海林，陈默，"看着两个人抬起头来，杨海林爸爸才再次开口，"你们现在正处于一个很危险的年龄段，需要思考的问题太多，如果不把握正确方向的话，很容易误入歧途。"

"爸，我知道你要说什么，好好学习，天天向上嘛。我们都懂的。"杨海林调皮地顶了句。

"不，光好好学习还不行。"杨海林爸爸不知道是没听出来杨海林话里有话呢，还是怎么着，一本正经地说，"现在科技那么发达，'两耳不闻窗外事，一心只读圣贤书'肯定是行不通的。你们平时上网的时候,也要多浏览各种新闻,学会从各种信息中辨别真假善恶,培养自己独立思考的意识。"

鼓励孩子上网,这可不是一般父母能做到的。杨海林和陈默这下可洗耳恭听起来了,"一个人一生想做什么,想成就什么样的事业,这不是凭空得来的,而是在后天的学习、积累过程中慢慢得来的。越早知道自己想要什么,也就越能成功。你们现在还不知道自己想要什么,很茫然,这是正常现象。"杨海林爸爸说,"孩子们,学业对你们来说非常重要,所以必须要在这阶段打好基础,不断积累自己的人生财富,只有你学得多了,你才能更明白什么是自己想要的。这需要你们多方面地吸取经验,学习知识,参与各种实践活动,从中寻找自己的理想、兴趣所在。人生确实是一段旅程,但是怎么走,却决定着你一路的风景。"

"说得好。"陈默竖起了大拇指,"叔叔,听您这一席话,我真的是备受启发。我们确实需要充实自己,不断努力,把控住自己人生的'方向盘',有方向才不会迷茫,才会有更大的希望。"

不光这些临近毕业的学生们感到迷茫,其他的人又何尝不是呢?时代的飞速发展不仅带来了经济的繁荣,很多人也在这五光十色的霓虹灯中迷失了自己,找不到人生的方向。不论是在何种情况下，如果不能确定自己人生的方向，或者不能朝着这个方向而努力，那最后的结果就只有失败。

少年们，人生的方向盘需要自己去把握，没有谁能代替你去走完自己的一生，我们要为自己而活。你的目标是否坚定，也取决于这个目标是否出于你真正的意愿，是否符合你的实际情况，是否真正扎根在你的内心深处。如果一个人没有目标和方向，那么他就会变得懒散、懈怠、积极性差，所以说方向对于人生有着很重要的指引作用，可以说是我们前进的动力，我们一定要好好把控。同时，在朝着自己目标努力的过程中，去不断修正自己的方向，才能自己掌握自己的人生。

你要成为自己人生的设计师

只要你不把命运交给别人，那你一定能掌握自己的命运。生活中，或许我们会把身边那些优秀的人当作自己的偶像，在赞赏的同时，却在一旁自怨自艾，好像自己再怎么努力也成不了这样的人。其实，真的是这样吗？我们的偶像只能是别人吗？当然不是，经过不懈的努力之后，我们也可以成为自己的偶像。在人生的旅途上，引导我们继续向前的，不是别人，而是自己。

伊尔·丰拉格是美国历史上第一位获得新闻界最高奖——普利策奖的黑人记者，是美国黑人的骄傲。

但是，丰拉格小时候曾经非常厌恶自己的出身。他小时候因为自己的肤色而自卑孤僻，甚至绝望地认为自己将来不会有任何出息。父亲带儿子去荷兰参观了凡·高的故居。在看过那张小床及裂了口的皮鞋之后，儿子困惑地问父亲："凡·高不是位百万富翁吗？"父亲答道："凡·高是位连妻子都没娶上的穷人。"

听了父亲的话，儿子若有所思。父亲用厚实有力的大手抚摩着儿子的头说："孩子，你看，上帝并没有看轻卑微，伟人原来也不过是一介草民。"父亲的话改变了丰拉格，他不但对自己的未来充满了自信，而且对大千世界产生了浓厚的兴趣。他立志要成为一名记者，走遍全世界。

从此，丰拉格开始为理想不懈地奋斗。大学毕业后，他如愿以偿地成为一名新闻记者。但是风无常顺、兵无常胜，他很快遭到了白人的排挤。有一次，一个白人记者公然将丰拉格辛苦了一个多月的采访稿件据为己有。丰拉格当时很气愤，找到主编，希望能讨个公道。事与愿违，主编竟然偏袒那个白人，根本不相信他的申辩。

这件事使丰拉格再次看清社会的现实和人生的坎坷，但他仍然坚信自己的未来。他不辞辛苦，深入各种险境，获取第一手新闻资料。最终，他凭借独特的新闻视角和理念获得了美国新闻界最高奖——普利策奖，开创了黑人获此奖项的先河。

在颁奖仪式上，丰拉格激动地说："感谢上帝！上帝并没有看轻卑微，而将高贵的灵魂赋予每个人的肉体，无论是出身高贵的肉体，还是出身卑微的肉体。感谢父亲！是他给了我自信和新生。我的经历使我确信，凭借坚定的信念和艰苦的努力，黑人可以做成任何事情。每个人都是自己命运的设计师。"

在这个世界上，或许可以成为我们偶像的人很多，但哪一个才是最值得我们期待的呢？当我们为自己的理想种下一粒种子，然后浇水施肥，每天坚持不懈，我们就真的朝着那个方向前进了。同时，我们也会成为当初自己羡慕敬佩的那个人，这时自己岂不是成了自己的偶像？

成功者告诉我们，努力让自己成为自己的偶像。每个人都是挑剔的，我们总是在挑剔别人，而把那些完美无缺的人当成自己的偶像。假如我们要使自己成为自己的偶像，那就必须努力克服自己的缺点，做到尽善尽美，然后朝着成功的方向不断前进，这样我们就可以成为让自己钦佩的人。

命运的道路是由想法铺筑的

"滴自己的汗,吃自己的饭。自己的事,自己干。靠天靠地靠祖上,不算是好汉。"我国著名教育家陶行知编的这首《自立歌》对于现在的年轻人仍具有极强的激励作用。其在强调自立的同时,也在告诉我们一个道理:命运全掌握在自己的手里。

被誉为美国文明之父的爱默生有句名言:"靠自己成功。"这句话影响了一代美国人,那些原来英国殖民统治下的人民也在典型的美国个人英雄主义影响下,迅速把这个国家建设成为当今世界上的超级强国。企业家吉姆·克拉克也曾经给年轻人忠告:不要凡事都依靠别人,在这个世上,最能让你依靠的人是你自己。在大多数情况下,能拯救你的人,也只能是你自己。在一个人的一生中,会不可避免地遭受许多来自外部的打击,但这些打击究竟会对你产生怎样的影响,最终的决定权在你手中。

记得小时候,爷爷常常哄着我嬉戏。这一天,爷爷把我叫到身边,用纸给我做了一条神采奕奕、栩栩如生的长龙。长龙腹腔的空隙很小,仅能容纳几只蝗虫,淘气的我找来几只,把它们投放进去,不久后它们都死在里面了,无一幸免!爷爷说:"蝗虫性子太躁,除了挣扎,它们没想过用嘴巴去咬破长龙,也不知道一直向前可以从另一端爬出来。因而,尽管它有铁钳般的嘴和锯齿一般的大腿,也无济于事。"

说完,爷爷捉来几只同样大小的小青虫,把它们从龙头放进去,然后关上龙头,奇迹出现了:仅仅几分钟,小青虫们就一一从龙尾爬了出来。

同样的环境,不同的虫子,走出了不同的命运。原来,是生还是死,不在于别人的操控,全在于自己的选择。哲人说,命运一直藏匿在我们的思想里。许多人走不出人生各个不同阶段或大或小的阴影,并非因为他们天生的个人条件比别人差,而是因为他们没有要将阴影纸龙咬破的想法,也没有耐心慢慢地找准一个方向,一步步地向前,直到眼前出现新的洞天。

在我们的周围,你经常会听到某人被夸赞十分聪明,聪明的人确实数不胜数,而最后能不落平庸的,却也总是不多。很多聪明人之所以不能成就一番大业,就是因为他在已经具备了不少可以帮助自己走向成功的条件时,还在期待能有一条通向成功的捷径展现在他的面前,在奢望命运能够给他更多的恩赐。

而某些天生贫穷且表面上看不出如何机灵的人,却在懂得生活的艰辛、人生的坎坷时,也懂得了命运为何物。消极者把命运交给神灵或上帝，积极者则把它紧紧地握在自己的手中。

有一个穷孩子，住在郊区的一个垃圾场附近，生活一直很贫困。小学三年级的时候，他在路上捡了一只易拉罐。这时，一个收废品的人正巧路过，他做了有生以来的第一笔交易，这笔交易的纯利润是一角钱。

从此，他发现满地被人弃置的东西都是金钱。从小学三年级到高三，他卖了8745公斤废纸、4762个易拉罐、3143个酒瓶、981公斤塑料包装袋。无论同学们如何嘲讽和挖苦，他都认为真正傻的不是自己，而是那些见到易拉罐不捡的人。10年间，他没向家里要过一分钱，没有因捡废品而使学业受到丝毫的影响。相反，他因增加了阅历而使自己的成绩总是名列前茅。后来，他顺利地考入广州的一所经贸大学。

在大学里，他重操旧业，不过这一次他只做了3个星期，因为在捡一只易拉罐的时候，他被站在别墅阳台上的一位外商发现，外商请求他把门前草坪上的一只易拉罐捡走。他走近别墅，外商用赞许的语言鼓励他。这时，外商惊奇地发现，这位捡垃圾的小伙子竟能听懂他讲的英语。外商异常兴奋，因为他的夫人正需要一位懂英语的草坪保洁员。第二天，他就走进了这位外商的家，帮助修剪草坪、喷洒药剂，他的周薪是50美元。后来经他们的介绍，他又成了另外3个家庭的草坪保洁员。

大学4年间,他利用星期天挣了4万美元。临毕业时,他申请成立了广州第一家草坪保养公司。现在他的业务已从外商家庭的草坪延伸到住宅小区的草坪,经营范围也从单一的护理发展到兼营肥料、除草剂和除草机械。

　　前不久,他提出口号——"你游玩,我们干",400名大、中、小学生在暑假期间云集在他的麾下,包揽了广州市70%的草坪养护工作。一些建筑商也纷纷登门,因为他们发现小区绿油油的草坪,可以使房屋的租金或售价提高2%~3%。如今,那位曾经捡易拉罐的小男孩早已是广州的一位百万富翁。据说,现在他的办公桌上放着一只用纯金做成的易拉罐。

　　放在办公桌上的那个纯金的易拉罐不仅仅是为了显示主人的财富,它是一个人与自己的命运搏击,并最终改变命运的见证。以往,也许你常听到在困境中坚韧不屈、奋发图强,以致最后获得突破和成功的事例。这些人身上有许多"不安分"的因子,他们层出不穷的想法、敢作敢为的精神,推动着他们不断跨越命运给自己摆放的一个个障碍,在改变现状时,也改变着未来。每个人一出生就有一个背景,在人生的坐标轴上,时间与成就显示成繁复的曲线状。不管你出身如何,以前如何,你要懂得,过去不等于未来。过去你曾怎么想、怎么做、经历了怎样的遭遇都不重要,重要的是今后你怎么想、怎么做。

人性是看上不看下、扶正不扶歪的,你跌倒了,自己灰心丧气,那么别人会因你的跌倒而更加看轻你。

"思路决定出路"的口号已经被人高喊了许久,它的另一层含义就是:命运的道路是由想法铺筑的。

每天进步一点点,才能进步一大截

一个人的成功不是像鸿运当头那样简单快速,而是需要每天的不断积累,正所谓"不积跬步无以至千里",只有每天进步一点点,才能进步一大截。

有个男孩在上小学的时候有一件事一直弄不明白,他想着为何自己的同学很出众,自己总是赶不上他。得第一对于同学来说是很简单的,但是为何他想争第一的时候,却在班里处于二十几名?

回家后他问妈妈:"妈妈,我是不是比别人笨?我觉得我和他一样听老师的话,一样认真地做作业,可是,为什么我总比他落后?"

看到儿子伤心的样子,妈妈的心里也是非常难受的,她知道学校的排名已经对儿子的内心造成了一定的打击,可以说是伤害了一个孩子的自尊。但是当妈妈望着儿子无助的眼神时，妈妈已经不知道说什么好了，因为她自己也不知如何来答复。

又一次考试后，孩子考了第十七名，而他的同桌还是第一名。回家后，儿子又问了同样的问题。她真想说，人的智力确实有区别，考第一的人，脑子就是比一般人的灵。可是，这样的回答无疑会对孩子的积极性造成一定的伤害，对孩子是不公平的。所以她还是没有说什么。

男孩的妈妈总是在思考，到底要怎么回答自己的孩子，怎样答复才能不伤害孩子的内心且给他向上的动力。有时候，她想应付儿子，或者说因为你不够刻苦，或者说因为你不够聪明，或者说你没有学会利用时间……可是这样说自己真的于心不忍，因为这位妈妈深深地感觉到自己的孩子很尽力，像她儿子这样脑袋不够聪明，在班上成绩不甚突出的孩子，平时活得还不够辛苦吗？所以她没有那么做，她想为儿子的问题找到一个完美答案。

转眼间男孩已经小学毕业，升入初中的男孩越发地刻苦努力，可是他发现自己仍然考不到第一名，还是没有超过他的那位一直考第一的同学。可是有一个细节值得骄傲，那就是相比于自己以往的成绩，他一直处于进步的状态。为了对儿子的进步表示赞赏，她带他去看了一次大海。就是在这次旅行中，母亲回答了儿子的问题。

妈妈和儿子手牵着手走在沙滩上,一起感受着海风,听着彼此的心里话,随后妈妈招呼儿子坐下,她指着远方对男孩说:"孩子,看到了吧,远处是一些争抢吃食的小鸟,当海浪打来的时候,小灰雀总能迅速地起飞,它们拍打两三下翅膀就飞上了天空;而海鸥总显得非常笨拙,它们从沙滩飞入天空总要很长时间,然而,真正能飞越大海横过大洋的还是它们。"

妈妈的话给了男孩很大的自信,他明白了妈妈的意思,再也不为此感到苦恼,后来,男孩终于成为了全校第一,而且成功考入了清华大学。

一个人,如果每天都进步一点,哪怕只是1%的进步,慢慢积累也会打造出超凡的能力。每天进步一点点,距离目标就能近一点。少年,或许现在你离自己设定的目标还很遥远,但只要每天都努力使自己进步一点,那么总有一天,你会实现目标。相信小男孩的故事会让大家感触颇多,因为生活中很多事情都是这个道理,不管是学习还是自己的事业。

子琳家境比较贫寒,还没上完高中就因为生活所迫走向了社会,后被一家知名外企聘为清洁工。看看那些衣着华贵、气质不凡的白领们,子琳说不出有多羡慕,遂在心里发誓:"我要努力缩小与这些人的差距。"因此,只要有时间子琳就开始学习英语，她非常刻苦，每天不厌其烦地翻看英文字典，学得很拼命，就是上厕所时也拿着书看。"你在公司就是一个打扫卫生的，还想飞上枝头做凤凰，再学习能有多大出息？"有人嘲笑道。但子琳坚信："没什么困难的，就算一天记十个单词，那一年的词汇量也能达到三千多呢，我一定可以的。"果然子琳的外语水平与日俱增，能与外国员工进行简单的交流，这让老板刮目相看，便提拔她做秘书。

做秘书其实也不是一份简单的工作，需要具备各方面的能力，还要帮助自己的老板解决很多冗杂的问题，其实这些对于子琳来说都是比较新鲜的，因为她从没接触过。这要怎么办呢？继续学习吧！除了把工作做得周到细致外，子琳只要有空就认真翻阅公司的各种文件，学习公司的业务。而且，她还报考了一个职业培训班，每个周末都去参加培训，风雨不误。终于功夫不负有心人，子琳的专业能力得到了很大的提升。在子琳看来，每天处于进步的状态，哪怕是进步一点点，这都是一件非常有成就感的事情，随后的工作，子琳越发努力。而后，又通过几年的认真学习和实践锻炼，她的工作能力越来越突出，成为老板不可或缺的"左右手"。对于自己的成功秘诀，子琳给出的答案是："没什么，就是每天进步一点。"

"苟日新，日日新，又日新"，当量变达到一定程度的时候就会产生质变,追求梦想的道路不也是这个道理吗?我们不要好高骛远,也不要妄自菲薄,我们应该时刻保持积极向上的心,让自己处于不断进步的状态,那么成功就离自己不远了。

正如李大钊所说:"凡事都要脚踏实地去做,不驰于空想,不骛于虚声,而唯以求真的态度作踏实的功夫。以此态度求学,则真理可明,以此态度做事,则功业可就。"坚持每天多学一点,就是进步的开始;坚持每天多想一点,就是成功的开始;坚持每天多做一点,就是卓越的开始;坚持每天进步一点,就是辉煌的开始!

做好自己,让结果不留遗憾

《伊索寓言》中有这样一个故事:一个老头和一个小孩子用一头驴子驮着货物去赶集。赶完集回来,孩子骑在驴上,老头儿跟在后面。路人见了,都说这孩子不懂事,让老年人徒步。孩子就忙下来,让老头儿骑上。于是旁人又说老头儿怎么忍心,自己骑驴,让小孩子走路。老头儿听了,又把孩子抱上来一同骑。骑了一段路,不料看见的人都说他们残酷,两个人骑一头小毛驴,把小毛驴都快压死了,两人只好都下来。可是人们又都笑他们是呆子，有驴不骑却走路。老头儿听了，对小孩子叹息道："没法子了，看来我们只剩下一条路：我们扛着驴子走吧！"

故事中的一老一少过于在意别人的看法，因此最后不知所措，他们完全让别人牵着鼻子走。是的，不管怎么做你都无法满足所有的人，所以说，不要让他人左右你前进的方向，做好自己，让结果不留遗憾，这就已经非常不错了。

少年们，想清楚，自己的方向是靠自己控制的，前进道路的选择权也在于你自己，别人可以给你建议，但是做主的还是你自己，所以说，快乐地做我们自己吧！按照自己的意愿去做人做事，我们就不必勉强改变自己，不必费心掩饰自己。这样，就能少一些精神的束缚，多几分心灵的舒展；就能少一点不必要的烦恼，多几分人生的快乐与洒脱。

有一个姑娘叫珊珊，从小长得不是很漂亮，她非常胖，跟同龄的孩子比起来年纪显得大一点，一直以来内心非常得自卑、敏感。珊珊的妈妈总是用自己的方法来打扮珊珊，让她感觉自己要比其他同龄的孩子大得多，珊珊也从来不和其他的孩子来往，她看起来非常害羞，总是独来独往。

后来，珊珊长大成人，直至结婚，她的性格也没什么变化。珊珊总是躲在自己的壳里，跟老公的家人也很少交流，幸好老公的家人都非常好，他们鼓励珊珊走出自己的世界，希望她能变得开朗，但是他们所做的一切，总是令她紧张不安，有时她甚至害怕听到电话的声音。珊珊不愿意参加各种活动，对于那些实在推不掉的应酬，在表面上珊珊看着比较高兴，但是她的眼神里总是充满着恐慌。珊珊很在意他人的看法，如果看到别人在窃窃私语，她就会认为大家在议论她，如果别人多看她一眼，她就会认为那人是嫌她胖，或者厌恶她的穿着。每一天的生活对珊珊来说都很难受，觉得生活没有意义。

看到珊珊的现状，她的婆婆非常着急，有一次就跟珊珊谈话，询问珊珊到底怎么想的。交流一番之后，婆婆明白了她的心思，也给了珊珊很多建议。最后，婆婆说："珊珊，每个人都是独一无二的，那么，我们就应该保持自我，也就是说保持自己的本色，这样你才会活的轻松快乐啊！"这句话让珊珊恍然大悟，她明白她总是生活在别人的世界中，总是用别人的眼光、别人的模式去要求自己，根本就没活出真实的自我来。

从此以后，珊珊就变了。她开始重新审视自己，在乎自己的想法和看法，她选择适合自己的穿衣风格，她主动接听电话，甚至主动联系朋友，参加各种活动，虽然还是有些紧张，但是她已经能有勇气在活动中发言。珊珊说："每个人都在主动接近我，我看到他们真的很亲切，很开心。"老公一家也很欣喜珊珊的变化。

爱默生在散文《自恃》中写道："每个人在受教育的过程当中，都会有段时间确信：物欲是愚昧的根苗，模仿只会毁了自己；每个人的好坏，都是自身的一部分；纵使宇宙充满了好东西，不努力你什么也得不到；你内在的力量是独一无二的，只有你知道自己能做什么。"少年们，我们要明白，最精彩的活法就是保持自我。没有了自我，何谈生活？我们每一个人都是独一无二的，我们都有自己的生活需要经营。所以说，做好自己，把控住方向，不要被他人左右，活出最精彩的人生。

第二章

你要相信，积极改变命运的你就是最出色的

相信自己，无所畏惧地迈出第一步

梦想，听上去总是有些浪漫主义的色彩。的确，对于年轻人来说，浪漫主义是心底永远的旋律。人生，总是那么艰难，如果没有梦想的支持，如何能够披荆斩棘，破浪前行呢？恰恰是浪漫主义色彩的梦想，让我们鼓起勇气，无所畏惧。很多年轻人都坚定不移地相信自己，正是这种相信，让他们有勇气开始。

然而，生活中也不乏有些年轻人总是怀疑自己。有的时候，明明他们已经想好怎么去做，却因为他人的一句质疑而马上改变主意。正是因为这样的性格，他们总是无法迈出脚步，让所有梦想都停滞在幻想阶段。尽管相信自己的年轻人有些固执，但是和不自信的年轻人相比，他们最起码能够勇敢地迈出第一步。

就像一位伟人说的，这个世界上绝对没有两片完全相同的叶子。同样的道理，这个世界上也绝对没有两个完全相同的人。每个人，都应该相信自己是独特的存在。既然如此，我们为什么要让别人安排自己的生活呢？即使这个人是我们最亲近的爸爸或者妈妈，他们也无法完全了解我们的内心和渴望。要想活出自己的精彩，我们必须坚定不移地相信自己。了解历史的人会有一个发现，即但凡青史留名的人，他们总是坚定不移地相信自己，向着心中的梦想不断前行。对于成功，每个人都有自己的定义，根本没有统一的标准。而相对于自己，成功就是成为最好的自己。成功是不可复制的，每个人在成功之后会发现，自己走出了属于自己的一条路。

在18世纪，"天花"是一种死亡率极高的疾病。在当时人们的心中，天花几乎是"死神"的代名词。得了天花的人，重则死亡，轻则毁容。当时，要想预防天花，唯一的方法是"种人痘"。"种人痘"必须通过手术的方式，把天花患者身上的脓液接种到正常人的身上。虽然如此，却依然有很多人因为"天花"丧命。

伯克利镇上的琴纳医生很想找到一种办法挽救人们的生命，使人们免遭"天花"的魔爪。一个偶然的机会，他听人说起养牛场的挤奶女工以前得过"牛痘"，从未染过"天花"。他经过调查，发现听来的传闻是真的。

他很困惑：为什么挤奶女工得过牛痘之后，就不会再患天花了呢？为此，他专门去请教医学专家，问他们能否把牛痘接种到正常人身上。医学专家们全都勃然大怒，觉得琴纳的想法简直不可理喻。他们反对的理由如出一辙：牛痘是牛身上长的，怎么能接种到人身上呢？

琴纳依然坚持自己的想法，他背起行囊，去养牛场观察牛痘的情况。原来，牛痘是一种牲畜之间流传的疾病，症状和天花有些相似。每当牛得了牛痘，身上也会长满水泡，里面充满着脓液。挤奶女工在帮助奶牛挤奶的时候，被脓液感染，就会患上牛痘。不过，牛痘的症状可比天花轻多了，只是维持几天低烧，偶尔会冒出几个水泡。如果只需要付出这样的代价，就能对天花终身免疫，那么无疑是预防天花的好方法。

琴纳年复一年地守在养牛厂里观察、研究，最终决定以试验证明自己的理论。1796年的春季，正值牛痘高发时节。他从一个患牛痘的挤奶女工身上取了一些脓液，使其透过皮肤进入一个健康男孩的体内。这个男孩从未患过牛痘，也未得过天花。次日，男孩开始发低烧，在被针尖刺破的地方长出一个小水泡。然而，八天之后，男孩胳膊上的水泡渐渐消失，体温也恢复正常。除了胳膊上长水泡的地方留下一个不起眼的疤痕，男孩又恢复了健康和活力。6个星期之后，琴纳再次用一根沾有天花患者脓液的针刺破男孩的皮肤，从那一刻开始，他的精神极度紧张，几乎无法入眠。他很担心男孩因此沾染天花，然而，几个星期过去了，男孩依然健康活泼。事实的确如他所想的那样，男孩对天花具备了免疫力。

欣喜若狂的琴纳把他的研究成果报告给皇家学会，但是那些高高在上的学术权威却不以为然。他们愚昧地做出预言，说那个接种牛痘的男孩会渐渐长得像一头牛。善良的百姓很信任琴纳，当天花再次肆意蔓延的时候，他们纷纷去找琴纳接种牛痘。毫无疑问，他们都对天花获得了终身免疫力。距离琴纳第一次做接种牛痘实验又过去了78年，时间到了1874年，德国正式推行用种牛痘的方法预防天花，并将其正式纳入法律规定。然而，发明这个方法的琴纳已经于1823年与世长辞了。为了纪念琴纳，人们为他建造了雕像，永远缅怀这位为民造福的乡村医生。

尽管被皇家医学院的医学权威们否定，琴纳却依然坚定不移地相信自己。在他的推广下，无数人因为接种牛痘而免遭天花病毒的伤害。如果琴纳盲目地信奉权威，那么在78年间，不知道还将会有多少人死于天花病毒。

生活中，虽然我们不是琴纳，也未必是救死扶伤的医生，但是，我们应该具有相信自己的精神。很多时候，真理掌握在少数人手里。即使是人生之中的奋斗、尝试，我们也应该勇敢地相信自己，无所畏惧地迈出第一步。唯有如此，我们才不负青春，不负人生短暂的光阴。

人必须相信自己，这是成功的秘诀

20世纪著名喜剧大师卓别林曾经说过这样一句话"人必须相信自己，这是成功的秘诀。"不要看轻了这句话的分量，相信自己，我们做到了吗？在很多时候，我们做不到，所以我们错过了成功。有的人喜欢说"我不行"，而有的人则喜欢说"我能行"，只是一字之差，其中给人带来的力量却是千差万别。喜欢说"我不行"的人总是无形间给自己灌输消极思想，本来可以做到的事情，却因为自己的不自信怎么也做不好；喜欢说"我能行"的人，总是无意间能发现惊喜，因为时刻的自我鼓励，自己变得勇敢而又上进，总是不断激发自己的潜力，攻破一个个难关，学到越来越多的本领。所以说，不要轻易否定自己的能力，为自己的心灵设限。很多时候，阻碍我们进步的主要障碍，不是我们能力的问题，而是我们的消极和不自信。

罗斯福年轻时，洒脱俊秀，才华横溢，深受人们爱戴。某日，罗斯福在加勒比海度假，游泳时突然觉得腿部麻木，动弹不得，经他人挽救才避免了一场悲剧的发生。大夫诊断后证明罗斯福得了"腿部麻木症"，大夫对他说："这可能会严重影响您正常地行走。"罗斯福并未被大夫的话吓倒，反而笑呵呵地对大夫说:"我还要走路,并且我一定能走入白宫。"

首届总统竞选时,罗斯福对助手说:"请安排一个大讲坛,我要让所有的选民看到我这个患麻木症的人可以'走'上台演讲,而无须什么手杖、轮椅!"当天,他穿着笔挺的西装,眼神充满自信的从后台走上演讲坛。他每次的脚步声都让在场的人深深地意识到他坚强的意志及信念。

后来,罗斯福成为美国政治史上唯一一个蝉联四届的伟大总统。

罗斯福总统那坚定的步伐正是自信的表现,他用自己的每一步向人们传达了自己不服输的精神和内心那份坚定的信念。如果你相信自己能行,并加以行动,那么成功就在你的不远处等着你。倘若自己都不相信自己,觉得自己不行,那么你已经在后退了,更不用说什么成功了。

一个年轻的墨西哥女人跟随着丈夫移居美国,她心里充满了对丈夫的感激,因为他将要带她面对一种崭新的生活,而且她相信,这种新生活是快乐的,是轻松的,是充满希望的。

然而,还没有抵达美国,丈夫就不明原因地离她而去,留下束手无策的她和两个嗷嗷待哺的孩子,前途一片迷茫,她不知道下一步何去何从?22岁的她和孩子在寒冷的冬天里孤立无援,饥寒交迫。然而,两天的迷茫之后,她还是做出了一个艰难的决定，前往加州，即使那里没有一个亲人和朋友。于是她用仅剩的一点钱毅然决然地买了去加州的火车票。

刚到加州的时候她一无所有，在她的一再央求下，一家墨西哥餐馆答应让她在那里打工，而她辛辛苦苦地从早到晚，收入不过只有几块钱，但是她很知足，因为她和孩子都还很健康地活着。同时，她省吃俭用，努力挣钱，也试图在寻找属于自己的工作。

后来，她开了一家墨西哥小吃店，专门卖墨西哥肉饼。有一天，这个年轻的墨西哥女人拿着辛辛苦苦攒下来的一笔钱，跑到银行向经理申请贷款，她说："我想买下一间房子，经营墨西哥小吃，如果你肯借给我几千块钱，那么我的愿望就能够实现。"

一个陌生的外国女人，没有任何财产作抵押，更没有可以给她做担保的亲戚朋友，而她自己都不知道能否成功。但是很幸运，这家银行的经理很佩服她的胆识，决定冒险投资一把……15年以后，这家小吃店扩展成为美国最大的墨西哥食品批发店。

她就是拉蒙娜·巴努宜洛斯。

拉蒙娜·巴努宜洛斯常常挂在嘴边的一句话就是："我能行，因为我相信我能行。"相信自己，那么一切皆有可能。没有自信，就没有勇气去战胜生活的磨难；没有自信，就无法寻找人生的出路；没有自信，就无法激发出自己体内的潜能与智慧。最终她克服了一切艰难险阻，成功了。

每个人的道路都不会一帆风顺，这是挑战也是机遇，更是证实自己实力的一个机会。其实许多伟人成功的例子不也是如此吗？爱迪生相信自己，在被老师看作差生、在被试验打败之后，依然相信自己一定能行。结果，他真的实现了梦想，发现了钨丝。居里夫人是怎么发现镭元素的？很简单，她用勤奋，加上自信，才成就了一个奇迹。每当失败来临的时候，他们选择的不是放弃，而是坚信自己能做好！这是一种信念，也是一种力量！

只有从内心做起，我们才会成为真正自信的人

成功的回忆可以帮助我们建立成功的自我想象，可以使自己获得自信。当你对自己的能力表示怀疑，为自卑感所困扰的时候，不妨从过去的成功经历中吸取养分，来滋润自己的信心。不要沉溺于对失败经历的回忆，要将失败的意象从自己脑海中赶出去。生活中，许多人之所以缺乏自信，有诸多因素，

可能是在失败的经历中被磨灭，可能是被内心存在的自卑感击垮，然而，如何才能让自己变得自信起来呢？增强自己的装备？披着一副铠甲仅仅是外在装备的增强，会让我们的内心充满信心吗？当然不会，因为只有你的心，才是一切的发动机。当我们变得胆小、自卑，唯一需要改变的就是我们的心，只有从内心做起，我们才会成为真正自信的人。

有一只兔子跑到仙鹤面前，说道："亲爱的仙鹤，你是治牙病的专家，请你给我安一副假牙吧！"

"可是，你的牙是好好的呀！"

"好倒是好，就是太小了，你给我安上像狮子那样的尖牙！"

"你要狮子牙干什么？"

"我要和狐狸较量较量，我不愿意总是一见它就得逃跑，让它一见我就逃才好呢！"

仙鹤笑了笑，给兔子安上了两颗假牙，两颗像狮子那样的尖牙，简直像真的一样，看起来好吓人。

"啊，好极了！"兔子照照镜子，高兴地叫道，"我现在就去找狐狸。"兔子在树林里跑来跑去，四处寻找狐狸。这时，狐狸从树丛后面出来了，朝着兔子迎面走来。兔子一看见狐狸，立即撒腿就跑。它跑到仙鹤那里，吓得直哆嗦。

"亲爱的仙鹤,给我把假牙换了吧""这副牙怎么不好了?"

"不是不好,是太小了,还对付不了狐狸,你有没有更大的牙?"

"有也没用,"仙鹤说,"小兔子,应该给你换换心才好,必须把你的兔子心摘出来,换上狮子心才行啊!"

这个故事告诉我们:只有你的心,才是一切的发动机。假如你企图用整修外表来掩饰内心的空虚和不自信,那都是徒劳的,因为心病还得心药医。信心是获得成功不可缺少的前提,信心会引导我们走向成功。有信心的人,他们遇事不畏缩、不恐惧,即使有隐隐不安,但他们也能勇敢地超越自我。有信心的人,他们浑身上下充满了活力,能解决任何问题,凡事全力以赴,最终他们会成为最伟大的胜利者。

韦尔奇这样解释他的成功:"我们所经历的一切都会成为我们信心建立的基石,当你被选为一支球队的队长时,当你在球场中选队员时,你就掌握了这支队伍,然后事情就这么发生了。渐渐地,你会习惯这些经验,而且人们也会信任你,给予你善意的回应。"其实,在生活中,任何事情本身并不能影响我们,我们只是受对事物的看法的影响。在任何时候,我们都不能将自己看成一个失败者,而应尽量把自己当成一个胜利者。每个人没有什么局限性，任何人都一样，而在每个人的内心都有一个沉睡的巨人，那就是信心。

世界酒店大王希尔顿用200美元创业起家，有人问他成功的秘诀，他说："信心。"而美国前总统里根在接受SUCCESS杂志采访时说："创业者若抱着无比的信心，就可以缔造一个美好的未来。"自信是成功的助燃剂，自信多一分，成功就可以多十分。爱迪生曾经试用几千种不同的材料做白炽灯泡的灯丝，但是都失败了，有人批评他："你已经失败了几千次了。"可是，爱迪生不这么认为，他充满自信地说："我的成功就在于发现了1600种材料不适合做灯丝。"正是怀着内心的这份自信，爱迪生最后获得了成功。那些成功者的经历，其实就是心理学中的"自信心效应"，只要不放弃，那就没有什么不可能。

你，正如你所思

美国著名学者爱默生曾说："你，正如你所思。"研究那些所谓的成功者的成长经历，发现他们对自我都有一种积极的认识和评价，从而产生一种相当的自信。这种自信是一种魔力,即使他们在认清自己的现状之后,依然能够保持奋勇前进的斗志,而这也是他们必须依赖的精神动力。每个人都梦想过自己能成为什么样的人,也许是科学家,也许是医生或者律师,不过,大多数人却只停留在梦想上,而不去实践。事实上,做自己想做的人,其实很简单,只要相信自己,朝着梦想勇敢地奋进,那么我们就真的能够成为我们所希望的那个人。

有一天,著名成功学家安东尼·罗宾接待了一位走投无路、风尘仆仆的流浪者。那人一进门就对安东尼说:"我来这儿,是想见见这本书的作者。"说着,他从口袋里掏出了一本《自信心》,这本书是安东尼多年以前写的。安东尼微笑着请流浪者坐下,那人激动地说:"是命运之神在昨天下午把这本书放入了我的口袋中,因为当时我已经决定要跳进密歇根湖,了此残生。我已经看破了一切,我对这个世界已经绝望,所有的人都已经抛弃了我,包括万能的上帝。不过,当我看到了这本书,我的内心有了新的变化,我似乎看到了生活的希望,这本书陪伴我度过了昨天晚上,我下定了决心,只要我能见到这本书的作者,他一定能帮助我重新振作起来,现在,我来了,我想知道你能帮助我什么呢。"安东尼打量着流浪者,发现他眼神茫然、满脸皱纹、神态紧张,他已经无可救药了,但是,安东尼不忍心对他这样说。

安东尼思索了一会儿,说:"虽然我没有办法帮助你,但如果你愿意的话,我可以介绍你去见本大楼的一个人,他可以帮助你东山再起,重新赢回原本属于你的一切。"听了安东尼的话,流浪者跳了起来,他抓住安东尼的手,说道:"看在老天爷的分上,请你带我去见这个人!"安东尼带着他来到从事个性分析的心理实验室里,面对着一块看来像是挂在门口的窗帘布,安东尼将窗帘布拉开,露出一面高大的镜子,流浪者看到了自己,安东尼指着镜子说:"就是这个人,在这个世界上,只有你能够使你东山再起,除非你坐下来,彻底认识这个人,当作你从前并不认识他,否则,你只能跳进密歇根湖了,只要你有勇气来重新认识自己,你就能成为你想做的那个人。"流浪者仔细打量自己,低下头,开始哭泣起来。几天后,安东尼在街上碰到了那个人,他已经不再是一个流浪汉了,而是一名西装革履的绅士。后来,那个人真的东山再起,成为芝加哥的富翁。

如果对自己感到失望,而失去了生活的希望,那么,能够挽救自己的只有一个人,那就是自己。很多时候,我们希望上帝能救赎自己,甚至把自己的处境归结为被所有人抛弃了,其实,没有人能够抛弃自己,除非你自己抛弃了自己。当生活遭遇挫折与困难的时候,我们唯一能做的就是勇敢向前,一步一步走出困境，最后，才会达成梦想，成为自己想成为的那个人。

小时候，幼儿园老师总是有意无意地引导我们："将来长大了想做什么样的人？"有时候，我们会认为自己天生就知道自己能做个什么样的人。但是，长大后，我们会发现，早已忘记了儿时的梦想，在成长过程中，由于缺乏了勇气，我们将梦想搁浅了。不过，一个人究竟想成为什么样的人，或者内心深处想做什么样的人，这种感觉是不会变的。在追逐梦想的过程中，我们应该勇敢向前，克服畏惧心理，努力成为自己想做的那个人。

看清自己的价值，你是独一无二的

人活于世，每个人都有自己的价值，都是独一无二的，切不可因为在某方面逊色于别人就失去自我。

有这样一个故事。有一天，国王心血来潮，到花园里散步。当他看到花园里面的景象时，不禁吃了一惊！过去绿意盎然、花团簇锦的花园，竟然变得无比荒凉。于是，国王疑惑地询问园丁，究竟发生了什么事，花园怎么会变成这样。

园丁说:"我尊敬的国王啊!这是因为橡树认为它比不过松树的高大,所以死了;松树因为比不过葡萄秧能结果子,所以也死了;而葡萄秧因为不能像橡树一样直立,因此也死了;至于其他的植物花卉,也都是因为各有比较而死去了。最终,花园因此而渐渐荒凉了。"

忽然间,国王发现花园里的草仍然生机蓬勃,不免又好奇地问园丁:"为何其他的植物都枯死了,只有这一片草地仍然绿意盎然呢?"

园丁微笑着说道:"这是因为小草们并不想成为松树、橡树、葡萄秧或者其他植物,它们知道自己的价值是什么,所以也只想做它们自己而已。因为这样的想法,所以,它们自然就生机蓬勃,绿意盎然!"

每个人都想做高大的树木,都想攀升到高处,感受一览众山小的感觉。但生活的现实,却总会让你处于一个劣势地位,跟别人相比,自己的日子过得捉襟见肘。于是就有许多人觉得自己一无是处、毫无建树,一生都会如此庸庸碌碌。

殊不知,每个人都具有世界上独一无二的价值,没有任何人、事、物能够取代我们,也没有任何人、事、物能够贬低我们,除非我们自己看轻自己、自己贬损自己。

人活着就应该善待自己,在低潮时给予自己鼓励。在人生的旅程中，我们无法避免诸多的挫折，但是不管那些无情的打击如何使我们痛苦、受伤、难堪，我们都不应该忘记自身的价值，更不应该妄自菲薄。

有一个出家弟子跑去请教一位很有智慧的师父，他跟在师父的身边，天天问同样的问题："师父啊，什么是人生真正的价值？"问得师父烦透了。

有一天，师父从房间拿出一块石头，对他说："你把这块石头，拿到市场去卖，但不要真的卖掉，只要有人出价就好了，看看市场上的人出多少钱买这块石头？"弟子就带着石头到市场，有的人说这块石头很大，很好看，就出价两元钱；有人说这块石头可以做秤砣，出价十元钱。结果大家七嘴八舌，最高也只出到十元钱。弟子很开心地回去，告诉师父："这块没用的石头，还可以卖到十元钱，真该把它卖了。"

师父说："先不要卖，再把它拿去黄金市场卖卖看，也不要真的卖掉。"弟子就把这石头拿去黄金市场卖，一开始就有人出价一千元钱，第二个人出一万元钱，最后被出到十万元钱。

弟子兴冲冲跑回去，向师父报告这不可思议的结果。

师父对他说："把石头拿去最贵、最高级的珠宝商场去估价。"

弟子就去了。第一个人开价就是十万元钱，但他不卖，于是二十万元钱、三十万元钱，一直加到后来对方生气了，要他自己出价。他对买家说，师父不许他卖，就把石头带了回去，对师父说："这块石头居然被出价到数十万元钱。"

师父说："是呀！我现在不能教你人生的价值，因为你一直在用市场的眼光看待你的人生。人生的价值，应该是一个人心中，先有了最好的珠宝商的眼光，才可以看到真正的人生价值。"

每个人都有属于自己的独特的价值，善待自己的人，懂得自身价值的大小，绝不在于别人的评价，而是在我们给自己的定价。

坚持自己崇高的价值，接纳自己，磨砺自己，给自己成长的空间，每个人都能成为"无价之宝"。

黏土在天才的手中变成了堡垒，柏树在天才的手中变成了殿堂，羊毛在天才的手中变成了袈裟。如果黏土、柏树、羊毛经过人的创造，可以成百上千倍地提高自身的价值，那么你为什么不能使自己身价百倍呢？

哲人说，我们的命运如同一颗麦粒，有着三种不同的道路。麦粒可能被装进麻袋，堆在货架上，等着喂给家畜；也可能被磨成面粉，做成面包；还可能播种在土壤里，让它生长，直到金黄色的麦穗上结出很多颗麦粒。人和一颗麦粒唯一的不同在于：麦粒无法选择是变得腐烂还是做成面包，或是种植生长。而我们有选择的自由，有行动的自由，更有心的自由。我们不该让生命腐烂，也不该让它在失败、绝望的岩石下磨碎，任人摆布。

善待自己的人知道，每个人都是一座宝藏，重视自己的价值，并不断开发和提升它，平庸的人生就不会属于自己。

第三章

命运藏在思想里，正向思维给你指引成功之路

正向思维，积极的信念让你在人生路上勇往直前

所谓正向思维，顾名思义，就是遵循事物的发展规律，从现状推测未来的思维模式。要想使用正向思维，首先要对现状进行入木三分的了解。唯有深刻了解现状，推断才是有据可循的。在了解现状的基础上，要想进行正向思维，还要具有推断能力，这一切都要依赖于良好的逻辑分析能力。可以说，正向思维是一种发展的思维。如今，社会的发展非常快速，各种事物日新月异，我们的思维也应该跟得上时代的脚步，从发展的角度考虑问题、预测未来。和正向思维相对应的，是负向思维。负向思维是一种封闭的思维方式，习惯于进行负向思维的人，往往故步自封，拒绝变化。也正因为如此，他们总是悲观绝望，对自己的未来不抱希望。简而言之，拥有正向思维的人是积极的，对自己的未来充满信心。反之，拥有负向思维的人是消极的，对前途悲观失望。

在很多时候，这两种思维决定了不同的人生。试想，如果你是一名年轻人，你正在面临创业。你拥有正向思维，你先充分考虑和分析自己的现状，对于自己的优势和劣势了然于胸，

但是你并没有被可以预见的困难吓倒，因为创业原本就是一条充满荆棘的路，你有信心战胜困难，实现自我。所以，你做好准备，勇往直前地走在创业的道路上。你成功了，你的人生从此与众不同；你失败了，但是你理智地积累经验，吸取教训，准备再接再厉。相反地，你拥有负向思维，在创业的时候，你被自己在头脑中臆想出来的困难吓倒了。你原本有很大的胜算，就是因为害怕承受失败的打击，所以你放弃尝试。从此之后，你的人生裹足不前，因为任何尝试都有失败的风险，都不可能做到百分之百成功。就这样，你的人生从此唯唯诺诺，就像契科夫笔下的套中人，总是不愿意面对现实。看到这里，聪明的读者一定知道自己应该用哪种思维方式面对人生了吧！没错，就是正向思维。

王刚大学毕业后，没有找到合适的工作。他的很多同学也都没有找到合适的工作，不过他们全都抱着骑驴找马的心态，先降低要求，挣点儿钱养活自己。对此，王刚却不这么看。他认为，大学刚刚毕业的几年，是非常关键的几年。如果把这几年耗费在自己不喜欢也看不到希望的工作上，那么是对人生的极大浪费。因此，他想了很久，决定回到家乡创业。

对于应届大学毕业生而言，淘宝无疑是个当老板的捷径。既不需要雄厚的资金，也不需要给很多人开工资，就可以开一家不错的淘宝店。王刚选修的就是计算机课程，所以对网络的运用得心应手。他知道，这是他的长板。父母听说他要开公司，全都不赞同。他们都觉得年轻人应该去大公司上班，这样才能有更大的舞台。王刚却说："自己当老板，舞台会更大。"对于父母提出的若干条反对理由，其实王刚早就运用正向思维充分考虑过了。首先，资金不是问题，王刚自己有一部分钱，父母也可以支援他一部分。其次，王刚擅长计算机和网络，刚开始的时候，为了节约成本，他完全可以成为主要劳动力。再次，发展之后，王刚就想自己开工厂生产简单的产品，因为家乡的人力和物力都很充分，也很廉价。最后，王刚对父母说，我还年轻，即使做最坏的打算失败了，也会因为有创业的经验而与众不同。

在王刚的劝说下，父母对王刚的创业请求表示全力支持。果不其然，几年下来，王刚已经拥有了属于自己的加工厂，还有数十家淘宝店铺。现在的王刚，和那些"骑驴找马"的同学相比，已经不可同日而语了。

显而易见，事例中的王刚拥有正向思维。即使父母百般阻挠，他却有理有据，用充分的论据说服了父母，博得了父母的支持。年轻的人们，也像王刚一样勇往直前吧。就像王刚说的，即使做最坏的打算创业失败，他也会因为创业的经历和经验而显得与众不同。

人生，就是用来经历的。思虑太重的人，往往因为忧思裹足不前。任何成功，都必须经过尝试和失败，才能摘取果实。行动起来吧，生活中的人们！

带着大脑忙碌，思考应该成为年轻人的常态

成熟的忙碌状态，应该是一边忙碌一边思考的，不应该像无头苍蝇那样，到处乱飞乱撞。古人讲究"学而有思，思而有创"，其实无论做什么事，一边忙碌一边思考，或者用思考指导行动，才是正确的方式。做事不能机械，选择人生更不能盲目乱撞，一定要真正清楚自己想要的到底是什么才能够做得好。有所思，才能有所为。

年轻人要善于思考，才能在思考中找到方向，得到长进，总结出经验，那些未经过思考就作出的决定一定是最不理智的。不要整天忙于庸庸碌碌的事情，一定要抽出一段时间思考，决定前要思考怎样做对自己才最有利；决定后要思考怎样落实才能最快、最有创意；落实的过程中还要不断思考怎样才可以省心、省力、省时间。总之，思考应该成为年轻人的

常态。

"忙"是实践，"思"是指导，人们常说"多经一事，多长一智"。忙的时候，也是智力增长的好时机，但如果仅仅是做事忙碌，而不屑于思考，恐怕也难有大的长进。我们要重视实践，也要注重对实践过程和结果的反思，如果能够一边实践一边反思，就能够更多地掌握规律、积累经验。

在人生的事业转折途中尤其如此，当不知道自己到底想要的是什么的时候，常常做无用功。有一个或者多个明确的目标，可以让我们的前进方向更明朗，让我们做事更加义无反顾，走更少的弯路。

现在开始就想一想什么是你想要的成功，什么是你想要的人生，金钱、地位、名声？这些都是工具，是载体，你到底需要什么？美国社会心理学家马斯洛曾经提出"需要层次论"，把人生的需求按照重要性和层次性排成一定的次序，分别为：生理需求、安全需求、社会需求、尊重需求和自我实现需求五类。没有必要详细解释它们是什么意思，你只要在这五类当中选择出你希望的理想状态就可以了。

例如，你希望自己处于一个怎样的生存状态？只要满足最基本的物质需求就可以了，还是希望得到更高的享受？很多成功人士，他们对于生存的需求可以说是很简单甚至朴素的，没有人可以在这五方面得到完全的满足。如孟子所说的"舍生而取义"就是满足了自己的被尊重需求，而舍弃了生存。明白自己想要什么，你就会对自己想要怎样的生活有了一个大致的描述。

例如，我想要成功，不计一切手段，那就是说你必须舍弃一些享受——起码在事业刚刚开始的时候——如度假，想要享受更多美食，等等。例如，我想要趁着年轻享受生命，享受一切美好的东西，可能就意味着你暂时要舍弃很多东西，如拥有大笔财富的安全感，有工作的喜悦感，等等。

懂得自己想要什么，懂得自己必须因此而舍弃什么对于年轻人来说非常重要。因为这是你忙碌的目的，是你最终要到的地方。如果你从没想过到哪里去，你就不会知道哪条路是对的，你也就无所谓达成目标，最终也就没有成就感。

少年们，现在开始，就必须在闲暇的时间想一想，自己真正想要的到底是什么，当然不同的人生阶段有不同的需求。弄清楚自己目前阶段最需要的，可以帮我们更有目的、更明确地做事。我们必须想清楚，成功对于我们意味着什么？是数不清的财富？是我们心灵能够靠自己的能力完成一件事情的满足感？是人们羡慕、信任的目光？是一个幸福的小家，我们能够对这个小家负责，提供小家中每个人需要的幸福感？

把自己的需要具体化、视觉化，才能让你在前进的过程中不被迷惑、不走弯路。我们还要在做事的时候想清楚，怎样做，我们才能获得更多的技巧？运用怎样的技巧，可以把想做的事变得更加简单明晰？在思考和实践的过程中不断增加智慧，然后用智慧去指导自己的行为，这才是一个忙碌的正常状态。

一个成熟的人，应该在忙碌之前想清楚自己为什么而忙碌。在忙碌的过程中想清楚自己怎样才能让自己不那么忙碌，做到忙中有闲、忙而有成。忙碌中的思考，最有利于提高我们的谋划、驾驭、应变能力，年轻人应该做到忙而有思，不能碌碌无为。

充满激情，你就拥有了成功的精神力量

我们应该明白，激情是人类意识的主流，能够促使一个人把思想付诸行动。对于我们来说，激情是不可缺少的，所有成功者都了解激情所发挥的心理作用，许多领导者以激情的态度投入到工作中去，目的在于鼓舞所有员工的士气，用激情感染员工，鼓舞他们努力工作。成功者告诉我们，一个人成功的因

素很多，而居于这些因素之首的就是对工作的激情。

一个下着雨的下午，有位老妇人走进匹兹堡的一家百货公司，漫无目的地在里面闲逛，很显然一副不打算买东西的样子。

这时，绝大多数的售货员只是瞟了她一眼，然后就自顾自地忙着整理货架上的商品，以避免这位老妇人麻烦自己。只有一位年轻男店员看到了那位闲逛的妇人，他立即主动地向她打招呼，很有礼貌地问她，是否有什么需要帮忙的。

这位老妇人对他说，自己只是进来躲雨的，并不打算买任何东西。那位年轻男店员说，即使不买东西我们也同样欢迎她的到来。他主动与她聊天，以显示自己欢迎的诚意。老妇人离开时，年轻男店员还陪她到门口，替她把雨伞打开，那位老妇人向年轻男店员要了一张名片就走了。

不久后的一天，年轻男店员突然被公司老板召到办公室，老板向他出示了一封信，是那位老妇人写的。那位老妇人要求这家百货公司派一名销售员前往英格兰，代表该公司接下装潢一所豪华住宅的工作，这位老妇人就是钢铁大王卡耐基的母亲。

在那封信里，卡耐基的母亲特别指定这位年轻男店员代表公司接受这项工作，当然，这项工作的交易额十分巨大。

案例中的年轻男店员得到晋升的机会，而他机会的获得与其对工作的激情是分不开的，他用自己的激情投入为自己创造了机会。激情是一种动力，它会不断促使自己去开拓自己，成就自己。激情是一股不可抗拒的力量，足以克服一切障碍和不如意。激情是一种精神特质，它代表一种积极工作的精神力量。

当然，这样的力量是不稳定的。不同的人，激情程度与表达方式不一样；同一个人，在不同的情况下，激情程度与表达方式也不一样。总而言之，激情是每个人都具有的，只要善于利用，就可以使之转化为巨大的能量。

我们应该坚信：激情是一个人迈向成功的无限动力。激情，为我们所做的每件事情都增添了火花与趣味，无论事情有多困难，我们都会以不急不躁的态度去完成。只要怀着满腹激情，任何人都会成功。查尔斯·史考伯曾说："对任何事都热忱的人，做任何事都会成功。"在日常生活中，即使失意了，我们也应该避免失败者的态度，不要认为自己失败了就再也没有办法重新获得成功。相反，我们应该重拾激情，怀着热忱的态度，鼓舞自己和家人，只有充满激情和希望才能面对未来，最后才会赢得成功。

改变现状，先要让自己积极乐观起来

美国教育学家戴尔·卡耐基调查了许多名人之后认为，一个人事业的成功，只有15%是由于他们的学识和专业技术，而85%靠的是心理素质和善于处理人际关系。而据心理学家分析，幸运儿的一些特征如下：第一是外向，他们更容易与人相处，乐于花时间参加聚会，喜欢跟人打交道；第二是不敏感，不愉快的事不是不发生在他们身上，但是他们比较健忘。所以，如果我们要改变现状，取得成功，就要保持积极乐观的想法。

积极乐观能够为我们带来朋友，拓展人脉；还能够增强我们的心理素质，让我们更容易接近成功。相反，消极的想法会让我们对待工作敷衍应付，对待朋友、同事自私冷漠，时时刻刻以自己为中心衡量世事，因此得到人情冷暖、世态炎凉的结论。

消极的人，他们认为世界是黑暗的，他们会对世界的黑暗面做无限的扩大，总是以负面的态度看待社会。比如，汶川大地震之后，很多名人向地震灾区捐款捐物，有的演员明星为受灾群众举行义演募捐，有的甚至亲赴灾区去看望他们。积极善良的人会受到感动，认为他们的义举值得赞美、值得崇敬。而消极自私的人会认为他们只不过在惺惺作态，借机扩大自己的影响和名气，他们的捐献不足他们收入的1%，用1%的收入换取免费的广告，他们当然是乐意的。这样的人在看待世界时，处处从消极黑暗的一面出发，他们认为上司在有意排挤自己，同事间的关心不过是虚情假意，自己会做事而不会做人，因此处处不顺心。不是因为他的境遇比别人更差，而是他的心境比别人糟糕。心理学中给"变态"一词的定义是：真实地执着地寻求伤害自己和他人的元素。消极是极轻微的变态，如果我们不加控制，就会永远从负面看待世界，我们的情绪就会是负面的，会伤害自己和别人。消极想法的害处比骗人、杀人更甚。如果我们从消极的一面去看待世界，看待我们的生存、工作环境，看待人们之间的关系，我们就会变得自私、冷漠、无情。而这样的人，即使有再高的智商也不容易获得人们的认同、尊敬，更不容易成功。

消极看法会贬低自我和他人，觉得凡是属于自己的都不好。上了大学嫌大学不够知名；进了单位觉得单位差；结了婚，觉得对象不够完美；有了孩子，觉得孩子看着不顺眼；连对自己的相貌都没有自信，因此处处不顺心，事事不如意，何况是遇到磨难呢？即使没有遇到任何磨难，也觉得所有人、所有事都跟自己过不去，日日生活在内心的煎熬下，时时处在自我折磨之中,内耗严重,怎么拿得出精力干工作,怎么能成就大业呢?

基于这种消极的想法,我们对待工作就会冷漠、敷衍、应付。因为工作"既无聊,又难以应付,还时时出现各种状况,并且我们的薪酬又不足以安慰我们付出的代价",所以我们工作就会得过且过,出现"当一天和尚,撞一天钟"的应付状况。这样应付,怎么能够把工作做好呢?更不用说自己从工作中得到满足,从处理难题中得到自信了,一个人连自己的工作尚且不热爱,更不用提业余爱好、情趣、志向了。

若我们对于别人多疑、猜忌、冷漠、自私,我们的人脉怎么能够拓展,人际关系怎么会和谐?自己尚且不能信任和尊重他人,别人怎会信任我们,尊重我们,又怎会看重我们?我们做事必然处处充满障碍。

如果连为人处世都不能顺利,更谈不到出人头地。每个人都有一些消极的想法,都有消极的时候。如果我们要让自己做得好,就要比别人想得好,情感比别人乐观,才能够让自己的社会关系更融洽,工作能力比别人更强,工作比别人更顺利。

每个人都有遇到困难折磨的时候,在顺境中,我们的能力往往是不分伯仲的,关键在逆境中,我们的心理素质,会让彼此拉开很大的差距。心理学家认为,一个人心理素质的好坏最容易从他应对挫折的方式中看出来。如果在挫折面前,别人很快就积极地站起来,解决了问题,继续前行,而你还沉浸在挫折带来的痛苦中不能自拔,那当你收拾好心情上路时,就会发现别人已经走出了很远,这段距离是不容易追上的。如果你还不能尽快调整自己的消极想法,你就会永远落在别人的后面。当人生的九九八十一难过去,别人已在遥远的山巅,你还在山谷徘徊。消极的你,也许会想"人死平等,我们终究会平等的"。但他人留在后世的就是一个光辉的形象和学习的榜样,你不过留给后世一个模糊的影子,甚至没有任何痕迹,你觉得这是平等的吗?是你所追求的吗?

如果你追求的是事业的成功,那么你除了要付出比别人更多的努力,找到比别人更正确的做事方法,还要调整自己的消极想法,让自己更热情、更积极乐观,才能更快地靠近成功。适当控制自己的负面情绪,才能改变现状,成就大业。

早点觉悟,早点改变你的命运

想法是大脑产生的,人的一切行为都受它的指导和支配。想法虽然看不见、摸不到,但它真实地存在着。有什么样的想法，就会有什么样的命运。如果你的想法和自信、成功、乐观联系在一起，那么你会有一个圆满的人生；如果你总是想到自卑、失败、忧愁，那么你的命运也不会好到哪里去。

一个人想在事业上取得一定的成就，光靠一些老想法、老套路是很难成功的。当你站在一条已经有无数人走过的路上，遥望着难以企及的成功目标时，你应该早点觉悟，转变想法去寻找另一条更近、更省力的新路，而不要倔强固执地在这条困难重重的老路上浪费时间。

有人经常说："我忙得没有时间去想。"然而，就是"没时间去想"这五个字，成为了成功与失败的分水岭。平庸的人只知道"埋头拉车"，成功的人却能"低头去想"，为事情的解决想出更好的方法。其实，所有伟大的人的成就在开始时都不过只是一个想法罢了。

有一位才华横溢的年轻画家，早年在巴黎闯荡时一直默默无闻、一贫如洗，连一幅画都卖不出去，因为巴黎画店的老板只寄卖名人的作品，年轻的画家根本没机会让自己的画进入画店出售。

但是这一天，画店来了一位顾客，向老板热切地询问有没有那位年轻画家的画。画店老板拿不出来，最后只能遗憾地看着顾客满脸失望地离去。

在此后的一个多月里，不断有顾客来店里询问那些年轻画家的画作，画店老板开始为自己的过失感到后悔，他多么渴望再次见到那位原来如此"有名"的画家。

就在老板十分焦急之时，这位年轻画家出现在了画店老板的面前，他成功地拍卖了自己的作品，并因此而一夜成名。

原来，当这位画家兜里只剩下十几枚银币时，他想出了一个聪明的方法：他雇佣了几个大学生，让他们每天去巴黎的大小画店四处转悠，每人在临走的时候都要询问画店的老板：有没有这位画家的画？哪里可以买到他的画？

这个充满智慧的年轻画家便是毕加索。

金子不是在哪里都会发亮的，譬如当它还埋在沙土中的时候；同样，也不是每一位有才华的人就一定会飞黄腾达，当机遇没有来到的时候，怨天尤人也无济于事。

这时，我们不妨学一学毕加索，动一动脑筋，想一个聪明的办法来创造自己的机遇。那么，成功说不定也就不期而至了。

方法从根本上讲，是"想"出来的。只有敢"想"、会"想"的人，才会成为成功者的候选人。作为一个成功者，就应该善于转换想法，把别人难以做成的事做成，把自己本来做不成的做成。当别人失败时，你如果可以从他人的失败中总结经验，得出正确的想法，并付诸行动，你就可能成功。当你自己失败了，如果你能够吸取教训，把思想转换到新的正确的想法上，再付诸行动，你同样可以获得成功。

人们总是很容易陷入固有的思维模式里去，有时候明明某种想法对解决问题没有很好的效果，却非得按照常规去做，结果白白地耗费了时间和精力。人一旦形成了思维定势，就会习惯地顺着固有想法思考问题，不愿也不会转个方向、换个角度想问题。很多人都有这样愚顽的"难治之症"，所以走不出宿命般的可悲结局。

其实，这个时候最需要做的应该是改变自己的想法，哪怕改变只是很小的一点，也可能起到很好的效果。而在人生的许多转折点，一旦能调整思路，换个想法，也许就可以看到许多别样的人生风景，甚至可以创造出人生的奇迹。

在一眼看不到尽头的大海上，一艘远洋海轮不幸触礁沉没了。八名船员奋力与海水搏斗，终于登上一座孤岛，才得以暂时脱离危险。但接下来的情形更加糟糕，岛上除了石头还是石头，没有任何可以用来充饥的东西，更让人不堪忍受的是，在烈日的暴晒下，每个人都口渴难耐，缺少可以饮用的淡水成为困扰他们的最大难题。

等啊等，没有任何下雨的迹象，除了海水还是一望无边的海水，没有任何船只经过这个死一般寂静的小岛。渐渐地，其中的七名船员因为支撑不下去，相继渴死在孤岛上。

当最后一名船员快要渴死的时候，他想，与其像其他船员那样渴死在孤岛上，不如就尝尝这海水的味道，说不定这里的海水能喝，可以救自己一命。于是他扑进海水里，"咕嘟咕嘟"地喝了一肚子。这名船员喝完海水，一点儿也感觉不出海水的咸涩，相反，他觉得这海水又甘又甜，非常解渴。于是他每天就靠喝这岛边的海水度日。有了海水的补给，这名船员继续同命运抗争着，终于被过往的船只解救了。

后来，人们化验这里的海水发现，这里由于有地下泉水的不断涌出，海水实际上是可口的甘泉！

谁都知道"海水是咸的"，根本不能饮用。七名船员就是因为脑海里存有这样的生活经验和思维定势，所以不敢去突破，不敢去做新的尝试，结果活活渴死了。只有最后一个船员大胆地改变了想法，终于打破了思维的旧框框，从而救了自己一命。

如果一个人的想法总是停留在某一个点上，就永远无法开拓自己的视野和思路。你应该经常将眼光放远，产生一些新的想法。当然，你在想象的同时，应该把焦点指向一个全新固定的目标。否则，极容易将自己的思路陷入空想和妄想之中，这样也会阻碍你创造力的发展。

　　人活一世，生存环境不断变化，各种事情接踵而来，因循守旧是无论如何都行不通的。生活中有一些人总是失败，就是因为他们按图索骥，过于墨守成规，从而把自己的道路堵死，结果导致自己寸步难行。其实一些旧想法、旧规矩都是可以打破的，只要我们做事灵活而不失原则，这样就能符合时代的变迁和社会的发展。

　　对于敢"想"、会"想"的人来说，这个世界上不存在困难，只存在着暂时还没想到的方法，然而方法终究是会想出来的。所以，会转换想法的人只有一个归宿，那就是成功。

第四章

非凡的人生，需要用当下的努力和奋斗来谱写

青春，你的代名词应该是努力和奋斗

生活中，常常听到有人说"年轻就是资本"，的确，年轻就是我们的资本，即便犯了错误，也有大把的时间去改正；即便错过了什么，也可以在未来的生命中肆意去追。然而，青春是一条弯弯曲曲的河流，要想汇入大海，必须经过弯弯绕绕，才能投入大海的怀抱。在真正抵达大海之前，没有任何一条河流知道自己会经历什么，因而只能义无反顾地勇往直前，也只能怀着美好的期盼畅想未来。

时光如逝，人生如同白驹过隙，我们的青春时光虽然漫长得足以供我们纵情挥霍，却又是那么短暂，短暂得转眼即逝。在如同热火般燃烧的青春岁月中，有的人茫茫然不知所措，有的人如同飞蛾扑火般燃烧自己，还有的人有理想、有规划、有实现的行动和勇气……无论怎样，青春就那么样地过去了，带着我们的梦想，也带着我们的激情。无数的青春时光在经历绚烂的绽放之后，就像烟花灰飞烟灭，也有的青春在燃烧之后还给我们的生命留下光和热。青春注定是神奇的，我们也唯有热烈地在青春时光里燃烧过，才能尽情尽兴地享受青春。

第四章
非凡的人生，需要用当下的努力和奋斗来谱写

大学毕业之后，小梦和很多同学一样四处奔波着找工作。当然，她也和其他同学一样处处碰壁，喜欢的工作不能被录用，被录用的工作自己又不喜欢。在这样的情况下，足足半年了，小梦还是没有找到合适的工作，眼看着时间飞逝，她突然有了一个大胆的设想：自主创业。

原来，小梦大学时就曾在淘宝店兼职过，因而对淘宝店的开店流程和经营模式都很熟悉。为此，她马上向父母借了几万块钱作为开店的资本，接下来又去浙江义乌的小商品批发市场走了一圈。就这样，一个月之后，她的淘宝店开张了。此时，她的同学们还在各家公司最基层的岗位上奋斗呢，她就成了一个真正意义上的小老板。面对同学的质疑和担忧，小梦无怨无悔地说："青春就是用来燃烧的，我愿意付出自己的热情和动力，为我的青春做主！"

转眼之间，几年的时间过去了，今日的小梦早已成为几家淘宝连锁店的老板。在拥有更多的资金之后，她更是大胆地成立了加工厂，专门生产一些婴幼儿用的口水巾、三角巾等利润比较大的产品，最终居然形成了自己的品牌，在淘宝市场上占据了一席之地。

对于年轻的朋友而言，人生总是充满着无限的可能性。他们既没有家庭的拖累，又因为年轻正值热情似火的年纪，所以

不管是对于工作还是事业，都处于最佳时期。在这种情况下，假如白白浪费宝贵的青春时光，无疑是让人感到遗憾的，也会给人生留下缺憾。正确的做法是趁着年轻，给自己的人生更多的机遇和可能，帮助自己的人生挖掘到第一桶金，或者沉淀人生的经验，为获得成功的人生奠定基础。

也许有人觉得，年轻人尽管都很想创业，但是却因为缺乏资本，导致很多好的设想都付诸东流。其实年轻就是最大的资本，年轻人有足够的时间和勇气，也能够有更多的机会积累经验，至于金钱无疑是最廉价的资本，当想法成熟时很容易就能得到家人的支持，反而不是创业的最大阻碍。少年们，就让我们从现在开始努力积累人生的资本吧，唯有如此，我们才能用热血燃烧青春，用激情点燃生命！

思维有主见，不被人牵着鼻子走

自古至今，成功的人有一个相同之处，那就是敢于坚持主见，有自己的想法，并且能够果断地作出自己的抉择。有主见才能突破前方的障碍，打开成功的大门。那些没主见的人，只会人云亦云，什么时候都是被人牵着鼻子走，他们的内心不断地摇摆，殊不知成功已经在他们面前消失得无影无踪。

玛格丽特·撒切尔夫人，英国著名政治家，曾经连续3次当选英国首相，也是欧洲历史上第一位女首相。她在重大的国际、国内问题上立场坚定，做事果断，被誉为世界政坛上的"铁娘子"。

然而，撒切尔夫人并非政治天才，她的性格、气质、兴趣等都深受父亲的影响，她成功的人生源于父亲培养起来的独特主见和高度自信！

正如后来她在当选为首相时所说的那样：父亲的教诲是我信仰的基础，我在那个十分一般的家庭里所获得的自信和有关独立的教诲，正是我获选胜出的武器之一。1925年10月13日，撒切尔夫人出生于英格兰林肯郡格兰瑟姆市的一个杂货店家庭里。她的父亲爱好广泛，热衷于参加政治选举。撒切尔夫人受父亲的影响，博览政治、历史、人物传记等方面的书籍，从小对政治就有相当多的了解。

撒切尔夫人的家教十分严格。小的时候父亲就要求她帮忙做家务，10岁时就在杂货店站柜台。在父亲看来，他给孩子安排的都是力所能及的事情，所以不允许女儿说"我干不了"或"太难了"之类的话，借此培养孩子独立的能力。父亲常谆谆告诫她千万不要盲目迎合他人，并经常把"自己要有主见，不要人云亦云"的道理灌输给她。因此,撒切尔夫人从小就学到了很多关于自信和要有独立主见的道理。

在撒切尔夫人入学后,她的阅历和想法不断增加,当看到同学们自由地玩耍和嬉戏时,她觉得小伙伴们有着比自己更为自由和丰富的生活。她开始羡慕少年们能一起在街上游玩,一起做游戏、骑自行车;也开始向往周末能和小伙伴一起去春意盎然的山坡上野餐。终于有一天,她把自己的想法告诉了父亲,期待能得到父亲的同意。然而,父亲却沉着脸并严厉地对她说:"孩子,你必须有自己的主见!不能因为你的朋友在做什么事情你就也去做同样的事情。你要自己决定你该做什么,千万不能随波逐流。"

听完父亲的话,撒切尔夫人默默地低下了头,不吭声。见到女儿不说话,父亲缓和了语气,继续劝导女儿:"宝贝,不是爸爸限制你的自由。而是你应该要有自己的判断力,有自己的思想。现在是你学习知识的大好时光,如果你想和一般人一样,沉迷于游乐,那以后将会一事无成。我相信你有自己的判断力,你自己做决定吧。"

父亲的一席话深深地印在了她的脑海里。她想:"是啊,为什么我要学别人呢?我有很多自己的事要做,刚买回来的书我还没看完呢。"于是她不再幻想和同学们去游玩,而是潜心学习，积极进取。

是的，不论如何我们都要保持自己的想法，不能看着别人做什么我们就为之心动，随波逐流。每个人都是独立的个体，每个人都有自己独特的想法，我们要明白自己的使命，要看清人生的方向，无论何时都要拿定自己的主意。

丽丽就要面临中考了，而此时身边的同学们对于升学却有着不一样的看法。就连她的宿舍里也产生了几派不同的想法。张萌想考中专，林夕想考技校，李晓想考职高，陈寒想考高中……

这时候的人心比较浮躁，她们感到很迷茫，同时与家里的想法也不太一致，所以都在纠结着。但是丽丽却一直想考重点高中，只要考上了重点高中，就等于迈进了大学门槛，她的理想就是要上大学。

那时，丽丽家住在一个小镇，经济不发达，所以，人们的观念还比较保守。

丽丽有一个邻居，平时称呼她王阿姨，王阿姨经常去她家串门，当王阿姨在与她妈妈闲聊得知丽丽要考重点高中时，就对丽丽妈妈说："老姐呀，一个女子念那么多书干啥？没必要有太高的学问，识几个字，将来找个好婆家就行了，干事业、挣钱养家是男人的事。何况，女子将来都是人家的人，供她念书那不是白花钱吗？早点上班，还可以为家里多挣几年钱。"听了王阿姨的一番劝说，丽丽妈妈的心里有些动摇了，不再支持女儿考高中，而要她考技校，或者去工厂打工。

妈妈的决定让丽丽心里十分难过，她对妈妈说："妈妈，请您给我一次机会吧，如果我考不上，我就去打工，补贴家用。"妈妈看到丽丽坚定的样子就勉强同意了。虽然妈妈同意了，但她的心里却依然感到十分沉重，好像压了一块巨石使她喘不过气来。

此后，丽丽更加努力地读书，她决心通过自己的努力考上重点高中，让别人都看一看，女孩儿一样能考重点、上大学。后来，她以优异的成绩考上了县里最好的高中，在三年后考上了理想的大学，丽丽的愿望终于实现了。

有的人在面临打击时会丧失信心，听从他人的看法否定了自己的能力；而有的人却会坚定自己的想法，用实力证明自己到底有多棒。少年们，如果此时你退缩了，那不就正好证明了他人说的是对的吗？别人的意见只是参考，而自己的方向需要自己去作决定，一味地听从只会让你一败涂地。不要人云亦云，也不要随波逐流，遇事想一想，多考虑一下，对与错在于自己，即便失败了，你也不会后悔，因为那是自己的选择。

第四章
非凡的人生，需要用当下的努力和奋斗来谱写

成就现在的每一天，也就是在成就未来

在生活中，当我们被问道：为什么你不努力？回答：诱惑那么多，我怎么能专心。为什么每天都这么浑浑噩噩？找不到目标，我朝哪里奋斗？为什么一次次立下誓言，最后都是无疾而终？未来那么遥远，我怎么知道现在做的以后有没有用。假如在若干年之后，我们又被问：为什么我找不到一份好工作？有那么多和你一样抵不住诱惑的人，好工作怎么会看上你？为什么以前那些我看不起的人都获得比我高的成就？每天总是得过且过，你怎么配得上成就！为什么他们都有这些那些机会，只有我每天重复又重复这些无味的日子？因为以前总是没有准备，没有技能的积累，没有那些你不知道有没有用的知识，你怎么能把握机会？其实，我们都忘记了，当我们在成就自己每一天的同时，其实就是在成就自己的未来。

盛夏的一天，一群人正在铁路的路基上工作。这时，一列缓缓开来的火车打断了他们的工作。火车停了下来，一节特制的并且带有空调的车厢的窗户被人打开了，一个低沉的、友好的声音："大卫，是你吗？"

大卫·安德森——这群人的主管回答说："是我，吉姆，见到你真高兴。"于是，大卫·安德森和吉姆·墨菲——铁路

公司的总裁，进行了愉快的交谈。在长达1个多小时的愉快交谈之后，两人热情地握手道别。

大卫·安德森的下属立刻包围了他，他们对于他是墨菲铁路总裁的朋友这一点感到非常震惊。大卫·安德森解释说，20多年以前他和吉姆·墨菲是在同一天开始为这条铁路工作的。其中一个下属半认真半开玩笑地问他，为什么他现在仍在骄阳下工作，而吉姆·墨菲却成了总裁。大卫·安德森非常惆怅地说："23年前我为1小时1.75美元的薪水而工作，而吉姆·墨菲却是为这条铁路而工作。"

23年前为1小时1.75美元薪水而工作的人，现在仍然为薪水工作；23年前为那条铁路而工作的人，现在却成了团队的总裁。这就是平凡者与卓越者之间的差别所在。

一个老木匠就要退休了，他告诉老板自己要离开建筑业，然后和家人享受一下轻松自在的生活。老板实在舍不得这么好的木匠离去，所以希望他能在离开前再盖一栋按自己风格设计的房子。

木匠答应了，不过不难发现这一次他并没有很用心地盖这栋屋子，只是草草地用了劣质材料就把这间屋子盖好了。其实，用这种方式来结束自己的职业生涯，实在是有点不妥。

房子盖好后，老板来检视了房子，然后把大门的钥匙交给这个木匠说:"感谢你跟随我这么多年,这间按你自己风格设计的房子是我送给你的礼物!"

瞬间,木匠震惊得目瞪口呆,羞愧得无地自容。假如他早知道是在给自己建房子,他怎么会这样呢?现在他得住在一栋粗制滥造的房子里。

在生活中,我们何尝不是这样呢?我们总是在漫不经心地建造自己的生活,不是积极地行动,而是消极应付,任何事情不是精益求精,而是关键时刻不能尽最大努力。等到我们觉得不对劲儿的时候,才发现自己被困在自己建造的"屋子"里了。试着想象一下自己的房子,每当你钉下一个钉子,放置一块木板,或竖起一面墙的时候,其实就是在营造自己的生活。你会发现,成就每一天,就是在成就自己的未来。

每一天,你是否都在成就自我呢?假如你是一个学生,只为分数而学习,那么你也许能够得到好分数;但是,假如你是为了知识而学,那么你就不仅能够得到好的分数,还能获取更多的知识。假如你是为了挣钱而努力,那么你就有可能赚很多钱;但是,假如你想通过做生意来干一番事业,那么你就有可能不仅赚到很多钱,而且还会干出一番大事业。每一天你成就自己越多,未来对你的回报就越多。

做足准备，静等机遇到来

机会总是留给有准备的人，只要你提前把所有准备都做好，抓住每一次机会，就可以离成功越来越近。

有位哲人曾经说过："有事情发生，便有机会存在。"每一件事情的发生都可能潜藏着改变命运的机会，老实人在大事上孤注一掷，聪明人却不肯轻易放过任何一件小事。但事实上，要想比别人做得好，并能抓住每一次机会，最明智的做法就是在每一件大小事上都下足功夫。

几个朋友约在一起吃饭，聊天时大家都在感慨生活不顺心，抱怨机会太少或太差。这时他们中的李某讲了他自己的一个故事。

李某毕业之去后很快就找到一份工作，但是时间久了，李某渐渐对工作产生了倦怠。当时，心情抑郁的李某为了缓解自己的这种消极情绪，让自己放松一下，便养成了每个周末都去钓鱼的习惯。刚开始的那几周李某信心满满，每次都带着很大的鱼篓，期待能有大收获。可是去了几次以后，发现自己每次都只能捞到几条小鱼，根本用不上这样大的鱼篓，便将鱼篓换成了小的。最后因为收获越来越少，他每次只拎着一根钓鱼竿和少量鱼饵就出发了。

李某的一个同事白某也和他一起去钓鱼,出发前,那人见他没有拿鱼篓,以为他忘了,便拿了一个鱼篓给他。李某摇了摇头,说:"不用了,我每次钓的鱼才两三条,用手就能拿得了。"但是这天却出乎他们的意料,他们遇到了很丰富的鱼群,很快他们就钓上了许多鱼,李某看着同事装了一大筐鱼,自己却只能用柳条绑住几条,不得已只好放弃好多已经上岸的鱼,感到懊恼不已。

当在座的人听完李某的故事,什么感想也没有,反而扯开话题嘲笑李某都毕业几年了还想着浪费时间考研究生。几年之后大家再次聚会,有的人还在苦撑着生意,有的人继续在自己不喜欢的工作环境中勉强度日。至于当时被大家嘲笑的李某,已经读完博士,现在是好多公司争抢的人才。

直到这时,大家才明白,李某说的那个"鱼篓"故事的含义。

机会只留给有准备的人,所以当我们抱怨自己运气不佳、机会不够时,应该时刻看看自己的"鱼篓"准备得是不是够大,是不是能够装得下你想要的。有时也许不是没有机会,而是机会来了,却没有做好准备。

中国有句古话:台上一分钟,台下十年功。我们常常羡慕别人机会好,羡慕命运对他们的偏爱,羡慕他们的成功,却不知道在成功和荣耀背后，他们付出了常人无法想象的汗水。现实生活中，有些人总是坐着等机会，躺着喊机会，睡着梦机会，做"守株待兔"的人，但机会总是偏爱有准备的人，能否抓住机会，利用机会获得成功关键还是看你是否有充分的准备。那么，朋友，你是否做好准备了呢？

少年们，机会总是留给有准备的人，做任何事，都提前做好准备，这样机会来了也不怕接不住。不做准备，指望天上掉馅饼的人，是不会有好结果的。

越努力，越幸运

许多人对身边那些做出成就的人总是抱以羡慕嫉妒的眼光，从而感叹自己命运多舛，运气很差。不过，请重新审视一下自己，真的是因为运气很差吗？如果足够努力，那好运自然会到来。在这个世界，没有无缘无故的好运，所有的好运都是努力而来的。做人做事有多大的力气，就会有多成功。永远记住一句话：越努力，越幸运。

请放下你的浮躁，放下你的懒惰，放下三分钟热度，放空容易受诱惑的大脑，放开容易被新奇事物吸引的眼睛，闭上喜欢聊八卦的嘴巴，静下心来好好努力。当你认真地努力之后，你会发现自己比想象中更优秀，好运也会在期待中降临。

1896年4月6日，现代奥运史上的第一个世界冠军诞生了，他就是来自美国哈佛大学的大学生詹姆斯·康纳利。

康纳利1895年被哈佛大学录取，学习古典文学。在学校时，他已经是当时全美三级跳远冠军了。听说奥运会即将在雅典举行，他便向学校请8周假前去参赛，但学校拒绝了他的要求。康纳利执意要到奥运会上一试身手，于是他离开了哈佛，自己争取到参加奥运会的资格，成为由11人组成的美国代表团的成员之一。

与他一同前去的其他美国同伴都是波士顿体育协会麾下的运动员，参赛是免费的。而康纳利太穷了，他享受不到这种待遇。他这次参赛是在一家很小的体育协会的赞助下才成行的。由于资金紧张，他花掉了自己仅有的700美元的积蓄，才登上了德国德福达号货船。

就在启航的前两天，他伤了后背，几乎毁了他的全部计划。幸运的是，在从纽约到那不勒斯的17天航行中，他的伤痊愈了。但是刚下船，他的钱包又被人偷走了。这还不算，更为糟糕的事接踵而来：因为希腊历制和西方历制不同，比赛在他们到达的第二天就开始了，而不是他们原以为的12天之后；而对他更为不利的是,他的三级跳远项目的起跳要求是单足跳、单足跳、起跳,而不是他从小练习的传统跳法单足跳、跨步、起跳。

4月6日下午,三级跳远比赛开始了。在其他运动员跳完之后,康纳利最后一个出场。他走到沙坑前,把帽子扔到了一个别的运动员跳不到的位置上,大声呼喊自己要跳到帽子那里去。他在跑道上加速,按照新的规则,先两个单足跳,然后起跳,最后落在比他的帽子更远的地方,跳出了13.71米的好成绩,成为当之无愧的现代奥运史上的第一个冠军。

1949年,哈佛大学试图与他和解,并授予他博士学位。

詹姆斯·康纳利很幸运吗?或许所有人都会这样觉得,但事实上你永远不知道他背后的努力。并不是每个人都能在逆境中坚持自己的决定。面临着参加奥运会就要离开学校,且需要自费参赛的严峻考验,詹姆斯·康纳利坚持自己的想法,最终博得了胜利。

正如一位哲人所言:成功者大都起始于不好的环境并经历许多令人心碎的挣扎和奋斗。他们生命的转折点通常都是在危急时刻才降临。经历了这些沧桑之后,他们才具有了更健全的人格和更强大的力量。

在不少人眼里,莎莉是一个努力的女孩,她几乎一年360

天都在工作。在几年前，她看起来还有点婴儿肥，现在却摇身一变成为纤瘦励志女神。当然，莎莉的变化不仅仅体现在外表上，她还陆续推出了有影响力的作品，其能力也得到大家的认可，可以说成为圈内的劳模代表。

但是，面对这些变化，莎莉却说："我希望努力度过每天，做最棒的自己，努力是我一个很好的开始。"其实，莎莉从小没有想过自己会成为活跃在大荧幕上的明星。小时候莎莉的父母对她要求很严格，让她学画画、硬笔书法、琵琶等，涉猎广泛，在这个过程中莎莉慢慢明白努力有多么重要。父母经常对莎莉说："你可以不是第一名，但你一定是最努力的那一个。"所以，一直以来莎莉都坚信"越努力越幸运"，她希望通过自己的努力来赢得一次又一次的好运。她说："加倍努力，终于让我化茧成蝶。"

在通往成功的路途上，任何的抱怨都无济于事，任何的借口都是白搭，唯有努力才是真刀实枪的本事。努力的人，不用去寻找好运，因为他就是好运。越努力越好运，这确实是一个成功的奥秘。努力本身带给我们有益的东西远远大于成功，在努力的过程中，不断磨炼，不断尝试，到成功那一天，所有的努力都会聚沙成塔，成就自我。

少年，你知道吗？风往哪个方向吹，草就往哪个方向倒。

人要做风,即便最后遍体鳞伤,但也会长出翅膀,勇敢地飞翔。努力吧!在路上的人。

一个人如果缺少棱角、缺少勇气,无法选择走自己的路,那他只能成为被风吹倒的草。所以,大胆走自己的路,努力吧,总有一天,你会成为翱翔的雄鹰,繁华褪尽,剩下的只有荣光。

第五章

做少年行动派，否则一切梦想和努力皆是虚妄

行动起来，才有可能成就大事

在生活中，我们一贯主张"谨慎做事"，这本来是一则很重要的做事准则。但是，凡事都有两面性，优点和缺点会互相转化。做事谨慎是好事，但是，如果一个人做事过于谨小慎微，就会使自己的胆子越来越小，眼睁睁地看着机会从眼皮底下大摇大摆地溜走。很多时候，需要敢作敢为，换句话说，就是做事时要有一股闯劲，不能畏首畏尾，这样只会误了大事。如果做任何一件事情，你都前前后后计算好了才去做，那么，恐怕机会早就被别人抢走了。

三国时期，司马懿极具军事才能，但是，他做事太过于谨小慎微，竟中了诸葛亮的"空城计"。

街亭失掉后，魏将司马懿乘势引大军15万向诸葛亮所在的西城蜂拥而来。但是，诸葛亮身边没有大将，只有一班文官，所带领的5000军队，也有一半人去运粮草了，只剩下2500名士兵在城里。众军听到司马懿带兵前来的消息都大惊失色。诸葛亮登城楼观望后，对众军说："大家不要惊慌，我略用计策，便可教司马懿退兵。"

于是，诸葛亮传令，将所有的旌旗都藏起来，士兵原地不动，如果有私自外出以及大声喧哗者，立即斩首。同时，把4个城门打开，每个城门之上派20名士兵扮成百姓模样，洒水扫街。而诸葛亮本人则披上鹤氅，戴上高高的纶巾，在望敌楼前凭栏坐下，慢慢弹起琴来。

司马懿的先头部队来到城下，见到这种气势，不敢轻易入城，便急忙返回报告了司马懿。司马懿听了，哈哈大笑："这怎么可能？"于是，他亲自飞马观看，看到此般情景，疑惑不已。做事一向谨小慎微的他不敢贸然闯入，只好下令军队撤退。

后来，司马昭说："莫非是诸葛亮家中无兵，所以故意弄出这个样子来？父亲您为什么要退兵呢？"司马懿说："诸葛亮一生谨慎，不曾冒险，现在城门大开，里面必有埋伏，我军如果进去，正好中了他们的计，还是快快撤退吧！"

等到各路军马都撤退以后，诸葛亮的士兵问道："司马懿乃魏之名将，今统15万精兵到此，见了丞相，便速退去，何也？"诸葛亮说："兵法云，知己知彼，百战不殆。如果是司马昭和曹操的话，我是绝对不敢实施此计的。"

诸葛亮的话其实意指司马懿本身是一个做事谨小慎微的人，他从来不打没有把握的仗。一旦他觉得前面有埋伏，就会选择撤退，而诸葛亮恰恰算准了他这样的心理。虽然，谨小慎微让司马懿做成了不少成功的事情，但在"空城计"里，他却偏偏因过分谨慎而中计了。

每个人都有自己的追求，或金钱，或名望，或权力，或爱情，或崇高的理想信念，等等。不同的是，有的人在追求的驱动下一往无前并成功了，而大多数人面临的不是止步不前就是难堪的失败，这是为什么呢？当我们观察那些所谓的成功人士的时候，你会发现他们身上有一个共同点——敢想敢做。当我们有一个好的想法，或当我们面临一项艰巨的任务时，不要畏惧，而是要迅速行动起来。瞻前顾后，谨小慎微，只会让你犹疑不前，而只有行动起来，并不断进行调整，才能最终成就大事。

勤奋，是走向成功的最基本条件

哲人认为一个人的成功跟他是否勤勉有重要关系。如果一个人是勤奋的，那么他就拥有了成功的机会；如果一个人是懒惰的，那么他就一定不会成功。他们通常认为，勤勉和成功是相辅相成的，经常会有很多人因为自己的勤勉而成功，但却很少有人因为懒惰而成功。虽然你的勤劳并不一定会给你带来成功，但是无论如何，每个人都要辛勤工作，因为这是走向成功的最基本条件。

哈德良皇帝看见一个老人正在努力工作，他在种植无花果树。于是，他问老人道："你是否期望自己能够享受果实呢？"

老人回答说："如果我不能活到吃无花果的时候，我的孩子们也将会吃到。或许上帝会因此特赦我。"

"如果你能够得到上帝的特赦，吃到这棵树的果实，那就请你告诉我。"皇帝对他说。

随着时间的逝去，果树果然在老人的有生之年结出了果实，老人装了满满一篮子无花果去见皇帝。见到皇帝，他说："我就是你看见过的那个种无花果树的老人，现在无花果成熟了，这些无花果是我的劳动成果。"

皇帝命他坐在金椅子上，把他的篮子里装满了黄金。可皇帝身边的仆人表示反对："您想给一个老犹太人那么多荣誉吗？"

皇帝回答说："造物主给勤劳的人以荣誉，难道我就不能做同样的事吗？"

皇帝说得很对，上帝和人们通常都会奖励那些勤勉的人。因为老人的勤劳，所以他得到了上帝的特赦，在自己有生之年吃到了无花果。在"西点人"看来，懒惰将会使一个人一事无成，所以他们选择了勤勉，只有勤勉的人才会尝到胜利的果实。

哲人这样劝告世人："最难受的工作是无所事事，最愉快的工作是人们忙于工作。"

大多数成功者崇尚工作，他们十分讨厌整天无所事事，到处游走，那是他们觉得很难受的事情，而整天勤勉甚至紧张的工作才是他们所喜欢的。成功者的生存之法就是培养自己勤勉的习惯，因为这是成功的关键。

韩愈也曾经说："业精于勤荒于嬉，行成于思毁于随。"一个人要想成就一番事业，一定要守住"勤"字，忌掉"惰"字。面对你的生活或者事业，你用什么样的态度来付出，就会得到什么样的回报。

如果你以勤付出，回报你的，也必将是丰厚的硕果。相反，那些懒惰的人，生活是不会赐予他任何东西的。懒惰的人是思想上的巨人、行动上的矮子。如果你懒惰地面对你的人生，那么其实就是把自己的生命一点点送入虚无。一个成功的人，是不会让懒惰有任何机会的。每个人都要时刻提醒自己："成事在勤，谋事忌惰。"

行动是架在现实和理想之间的桥梁

现实中，能使我们为之奋斗的是理想；而实现理想所必需的是行动。正如一位名人所说的："理想是彼岸，现实是此岸，中间隔着湍急的河流，行动就是架在两岸的桥梁。"我们所需要的正是一份坚持不渝的理想信念，这种信念下的坚定的行动，才能使我们一步步接近于心中理想的殿堂。

人的一生有太多的等待，在等待中，我们错失了许多的机会；在等待中，我们白白浪费了宝贵的光阴；在等待中，我们由一个英姿勃发的青年，变为碌碌无为的中老年，我们还在等待什么？让今天的事今天就做完，现在要做的事马上就动手，成功属于立即行动的人。比尔·盖茨说："想做的事情，立刻去做！当'立刻去做'从潜意识中浮现时，立即付诸行动。"

一分耕耘，一分收获。你有怎样的付出，就会有怎样的收获，天上不会掉馅饼。如果你不付出艰辛的努力，就想获得成功，那是痴心妄想。你想收获吗？一定要有起码的付出。在这个世界上，你要得到多少，你就得付出多少。要想成功，就要把希望放在明天，把计划放在今天，把行动放在现在。克服畏难情绪，毫不犹豫，立即行动，扎扎实实地做好每一件事，只有这样，心中的慌乱才会得以平定，才能拼出成功的魔方。下面是著名作家兼战地记者西华·莱德先生的故事。

"当我推掉其他工作,开始写一本书时,心一直定不下,我差点放弃一直引以为荣的教授尊严,也就是说几乎不想干了,最后我强迫自己只去想下一个段落怎么写,而非下一页,当然更不是下一章。整整六个月的时间,除了一段一段不停地写以外,什么事情也没做,结果居然写成了。"

"几年以后,我接了一件每天写一个广播剧本的差事,到目前为止一共写了2000个剧本。如果当时签一份'写作2000个剧本'的合同,我一定会被这个庞大的数字吓倒,甚至把它推掉,好在只是写一个剧本,接着又写另外一个,就这样日积月累真的写出这么多了。"

任何想要的结果,都需要通过行动才会得到。你栽下苹果树,你会得到苹果;你种下香蕉树,你会收获香蕉;你什么都没有种,你什么也不会得到。汗水就是行动,行动就是努力。无论在哪个领域,如果不努力去行动,那么终将还是不可能获得成功。如果不行动、不努力,想要获取任何成果都是不可能的事情。

许多人总是等到自己有了一种积极的感受再去付诸行动,这其实是本末倒置的,积极行动会导致积极思维,而积极思维会导致积极的人生心态,心态是紧跟行动的,你的内心怎样想，你就会采取怎样的行动，也就会产生怎样的结果。

成大事者皆有志，成大事者更具有坚持不懈的行动。马克思曾说："只有行动才会产生最后的结果。任何伟大的目标、伟大的计划，最终必然会落实在行动上。"拿破仑也曾说："想得好是聪明，计划得好更聪明，做得好是最聪明又最好。"人生活在现实中，只有不畏劳苦沿着陡峭山路攀登的人，才有希望到达光辉的顶点。只有行动起来，才能达到理想的彼岸，才能登上成功的列车。

贝尔在试制电话机时，感到有关问题还没有把握，便去向著名物理学家约瑟·亨利请教。贝尔谈了自己的设想，然后恳切地问："先生有何见教？""干吧！"亨利回答说。贝尔不安地说："可是，先生，我对电的知识知道得很少呀。""学吧！"亨利又简短地回答。电话机试制成功后，贝尔激动地说："如果不是亨利先生的这两个词的鼓励，我是不可能发明电话机的啊！"

当年，迪斯尼为了实现他心中的梦想，不断地呼吁去建造一个乐园，可是当时有非常多的人反对他，有的人担心会对环境产生影响；有的人担心他的资金有问题；有的人甚至怀疑他的头脑有问题；有的人说政府不会批准那么大的一片土地。可是迪斯尼不断地去想各种各样的方法：资金方面有问题，他跑了143次银行。他积极地寻求各方面资源的支持，最后，他梦想中的乐园——迪斯尼乐园，终于在美国开始兴建，到现在已经被复制到世界各地。

人人都能下决心做大事，但只有少数人能够立即去执行他的决心，也只有这少数人才是最后的成功者。有不少这样的人，他们并非不知道行动的重要性但是迟迟不愿意行动，结果又产生负疚感，造成意志瘫痪。很多情况下，人们与其说是因为恐惧而不去行动，毋宁说是因为不去行动而导致恐惧。许多事情的难度都由于我们的犹豫和摇摆加大了。

人生就是如此，只要你迈步，路就会在脚下延伸。只有启程，我们才会向理想的目标靠近。无论你的梦想和目标是什么，这些都只是你成功的开始，更主要的是立即开始行动，从而实实在在地看到成功的希望。这一点被许多人所忽略，其结果都是以失败告终。洛克菲勒说："不管一个人的雄心有多大，他至少要先迈出第一步，才能到达高峰。"一旦起步，继续前进就不太困难了。工作越是困难或不愉快，越要立刻去做，坚持每天迈步向前，日积月累，慢慢就能达到目标。

任何一个愿望和梦想都有实现的可能，只是任何一种理想的实现都依赖于你的实际行动和艰辛的劳动。虽然行动并不一定能带来令人满意的结果，但不采取行动是绝无结果可言的。

机遇和成功之间不是等号，要将机遇转化为成功，需要的是去做、去做、再去做！

超越自我，才有改变世界的力量

不要再只是被动地等待别人告诉你应该做什么，而应该主动去了解自己要做什么，并且规划它们，然后全力以赴地去完成。想想今天世界上最成功的那些人，有几个是唯唯诺诺、等人吩咐的人？

许多人被成功拒之门外，并不是因为成功遥不可及，而是他们不能发现自己，主动放弃，认定自己不会成功。事实上，只要你每天限定自己一定要超越自我一些，成功便自会出现在你眼前。成大事的人就是如此。要获得卓越成就，你就应该主动追求。思想积极了，你才会摒弃懒散的习性。你必须让潜意识充满积极的想法，无论任何状况，你都要超越自我。

卡耐基曾经说："只要你向前走，不必怕什么，你就能发现自己，成功一定是你的！"一个有积极态度的人，不会只停留在已有的条件或已有的成绩上，他总是不停地开拓、不停地创造。世界是变化的，社会是发展的，因而不能被动地守着原有的东西，而应该主动地适应着这种变化，不断地创新，不断地前进。谁有这种主动创新的积极态度，谁就能不断地排除困难，不断地获得成功。

钢铁大王安德鲁·卡耐基19岁的时候在宾夕法尼亚铁路公司做电报员，一次偶然的机会，卡耐基处理了一件意外事件，使他得到晋升。

当时的铁路是单线的，管理系统尚处于初期，用电报发指令只是一种应急手段，有很大的风险，只有主管才有权力用电报给列车发指令。斯考特先生经常得在晚上去故障或事故现场，指挥疏通铁路线，因此许多时候他都无法按时来办公室。一天上午，卡耐基到办公室后，得知东部发生了一起严重事故，耽误了向西开的客车，向东的客车则依靠信号员一段一段地引领前进，两个方向的货车都停了。到处都找不到斯考特先生，卡耐基终于忍不住了，发出了"行车指令"。他知道，一旦指令错误，就意味着解雇和耻辱，也许还有刑事处罚。

卡耐基在其自传中写道："然而我能让一切都运转起来，我知道我行。平时我在记录斯考特先生的命令时，不都干过吗？我知道要做什么，我开始做了。我用他的名义发出指令，将每一列车都发了出去，特别小心，坐在机器旁关注每一个信号，把列车从一个站调到另一个站。当斯考特先生到达办公室时，一切都已顺利运转了。他已经听说列车延误了，第一句话就是：'事情怎样了？'"

斯考特先生详细检查了情况后，从那天起他就很少亲自给列车发指令了。不久公司总裁汤姆逊先生来视察，见到卡耐基便叫出他的名字，原来总裁已经听说了他那次指挥列车的冒险事迹。

莎士比亚曾说："聪明人会抓住每一次机会，更聪明的人会不断创造新机会。"这就是说，我们对待机会要采取主动的态度，甚至要用我们的行动增加机会出现的可能性。著名剧作家萧伯纳说过一句非常富有哲理的话："征服世界的将是这样一些人，开始的时候，他们试图找到梦想中的东西。最终，当他们无法找到的时候，就亲手创造了它。"真正的成功者不但要善于把握机会，更要善于创造机会。

其实，在主动进取的人面前，机会是完全可以"创造"的。新中国石油战线的"铁人"王进喜有一句名言："有条件要上，没有条件创造条件也要上。"创造条件就是创造机会。如果你想要成就某种事业而又不具备相应的条件，你就没有机会，而当你通过努力使自己具备了这些条件，就为自己创造了机会。努力提高自身的能力和水平，增强自身的优势，就会使自己得到更多的机会，对于一个人和一个企业都是如此。

我国著名导演张艺谋在成为大导演之前可谓历经坎坷曲折，但他以进攻的姿态为自己创造了一次次机遇。1978年，北京电影学院招生，按他的家庭情况他是难过"政审"关的。但他用自己几年来的摄影作品"开路"，给素昧平生的前文化部部长黄镇写了一封恳切真诚的信，并附上自己的作品。颇通艺术的黄部长有强烈的爱才之心，派秘书去北京电影学院力荐张艺谋，使他终于被破格录取。尽管在校表现优秀，但命运仍然对他不公，毕业后他被分配到广西电影制片厂这个小厂，但他并没有因处境不佳而自我埋没。外部条件不好，厂小、人少、设备差、技术力量薄弱，是不利的因素。但这里也有大厂所不具备的条件，那就是科班毕业生少，名导演、名摄影师少，因而论资排辈的现象不像大厂那么突出。张艺谋主动请缨，挑起大梁，以卓越的摄影才能一炮打响，通过电影《一个和八个》荣获"中国电影优秀摄影奖"，这部电影也成为第五代影人崛起的标志。

　　做个主动的人，要勇于实践，做个真正做事的人，不要做个不做事的人。创意本身不能带来成功，只有付诸实施时创意才有价值。用行动来克服恐惧，同时增强你的自信。怕什么就去做什么，你的恐惧自然会消失。自己推动你的精神，不要坐等精神来推动你去做事。主动一点，自然会精神百倍。

时时想到"现在""明天""将来"之类的字眼与"永远不可能做到"意义相同，要变成"我现在就去做"。立刻开始工作，态度要主动积极，要自告奋勇去改善现状。要主动承担义务，向大家证明你有成功的能力与雄心。

有了目标，没有行动，一切都会与原来的目标背道而驰；有了积极的人生态度，没有立即行动，也极有可能转向成功的反面。所以说，主动是一切成功的创造者。赫胥黎的名言："人生伟业的建立，不在能知，乃在能行。""行"乃是扭转人生最有力的武器。

不同的行动就会产生不同的结果，从结果中又可带出新的行动，把我们带向特定的方向，最后就决定了我们的人生。这就是何以少数人能从芸芸众生中脱颖而出的原因，他们不但有行动，并且有不同于一般人的主动。

绝不拖延，说干就干

有了目标后，最重要的就是放弃任何借口，立刻将它付诸实施，并且坚持到底。

有人说自己是一座宝藏，挖掘得越深，获得的越多。也有人说,自己是一匹奔腾的野马,重要的不是学会怎样提速,而是控制自己。

人有各种各样的优缺点,也有一种惰性,这种惰性经常导致计划落空。人在计划落空时又很容易形成新的计划,新计划其实是旧计划的翻版。结果就是,一项计划翻来覆去总没有结果。这是十分悲哀的事情。成就一番事业必须雷厉风行,要有一种魄力,说干就干,一点也不拖延。这是成就事业的一种品格。

拖延是一种坏习惯,他会让人在不知不觉中丧失进取心,阻碍计划的实施。一个人如果进入拖延状态就会像一台受到病毒攻击的计算机,效率极低。拖延最常见的表现就是寻找借口。虽然目标已经确立了,却磨磨蹭蹭,像个生病的羔羊,没有一点精神。不论什么时候,总能找到拖延的理由,计划当然就会一拖再拖,成功也就遥遥无期。

你是否有这样的表现呢?今天的事拖到明天做,六点钟起床拖到七点再起,上午该打的电话等到下午再打,每天要写的文章攒到最后时刻写,这周要洗的衣服拖到下周再洗,这个月该拜访的朋友拖到下个月。

对于一个公司来说,很有可能会因为拖延而损失惨重。1989年3月24日,埃克森公司的一艘巨型油轮触礁,大量原油泄漏，给生态环境造成了巨大破坏。

但埃克森公司迟迟没有做出外界期待的反应，以致引发了一场"反埃克森运动"，甚至惊动了当时的总统布什。最后，埃克森公司总损失达几亿美元，形象严重受损。

对一个渴望成功的人来说，拖延将成为制约他取得成功的桎梏。在公司没有一个老板喜欢有拖延习惯的员工，在家里没有一个妻子喜欢有拖延习惯的丈夫。

社会学家卢因曾经提出一个概念："力量分析"。他描述了两种力量：阻力和动力。他说，有些人一生都踩着刹车前进，比如被拖延、害怕和消极的想法捆住手脚；有的人则是一直踩着油门呼啸前进，比如始终保持积极、合理和自信的心态。

人生不应该停留在等和靠上，成功不会像买彩票那样依靠侥幸，唯一需要的应该是制订计划并立即执行。不等不靠，现在就去做，表现出来的是一个成功人士应有的精神风貌。如果你因为没有信心才迟迟不敢行动，那么最好的消除障碍的办法就是立刻去做，用行动来证明你的能力，增强你的自信。

李大钊曾经说过："凡事都要脚踏实地地去做，不弛于空想，不骛于虚声，而唯以求真的态度做踏实的功夫。以此态度求学，则真理可明。以此态度做事，则功业可就。"小说

《根》的作者哈里说:"取得成功的唯一途径就是'立刻行动',努力工作,并且对自己的目标深信不疑。世上并没有什么神奇的魔法可以将你一举推上成功之巅,你必须有理想和信心,遇到艰难险阻必须设法克服它。"

哈里起初只是美国海岸警卫队的一名厨师。他从代同事写情书开始,爱上了写作。于是他给自己制订了用两三年的时间写一本长篇小说的目标。他立刻行动起来,每天不停地写作,从不停息。8年以后,他终于在杂志上发表了自己的第一篇作品,字数仅有600字。他没有灰心,退休后,他仍然不停地写,稿费没有多少,欠款却越来越多。尽管如此,他仍然锲而不舍地写着。少年们帮他介绍了一份工作,可他说:"我要做一个作家,我必须不停地写作。"又过了4年,小说《根》终于面世了,引起了巨大轰动,仅在美国就发行了530万册。小说还被改编成电视剧,被更广泛地传播。他因此获得了普利策奖,收入超过500万美元。

所以,有了目标后,最重要的就是放弃任何借口,立刻将它付诸实施,并且坚持到底。我们常说,千里之行始于足下,就是要求我们行动起来,把心中的梦想通过立刻行动变成美好的现实。如果只是因为自己有一个美好的梦想就沾沾自喜,而忘记了行动的力量,那么无论天上的星星多么漂亮,你也不能够把它捧在手中；无论对岸的风景有多么诱人，你也不能够亲眼目睹；无论海中的贝壳有多么美丽，你也不能够把它挂在你的胸前。

第六章

人生处处有危机,谁坚持到最后谁就是赢家

坚定不移地做自己决定的事情，永不停歇

人生之中，每个人都不可能一蹴而就地获得成功。在通往成功的路上，我们都必须坚持付出点点滴滴的努力，不断积累，永不放弃，战胜无数的坎坷挫折，最终才能到达成功的彼岸。也许有些朋友会说，我已经占据了天时地利人和，也已经为自己创造了便利的条件，为何就是无法取得成功呢！其实，少年们，天时地利人和，包括独出心裁的创意在内，虽然是成功的必需条件，但并不是成功的充分条件。要想获得成功，我们除了需要具备上述这些条件之外，还要坚定不移地做自己决定的事情，走出属于自己的人生之路。

虽然现实生活中有很多人没有梦想，但是，梦想的建立还是很容易的。尤其是相比实现梦想的过程，建立梦想更是轻而易举。然而，如果不付诸实践，有再多的梦想也是徒劳无功。很多事情，说起来容易做起来难，唯有切实展开行动，才算真正迈开了成功的第一步。对于成功而言，冲刺并非是最重要的决定因素，过程中的艰难和忍耐、坚持和付出，才是决定成功的重要因素。

作为美国著名电视节目主持人,莎莉·拉斐尔在出名之前,曾经被电视台辞退了18次。曾经,很多人都把她的主持风格贬得一文不值。

刚开始时,她想去美国的大陆无线电台工作,遭到拒绝,因为电台负责人认为她作为女性,根本不能吸引观众。在此之后的几年时间里,她接二连三地找工作,接二连三地被辞退。1981年,她在纽约的一家电台工作,被指责落后于时代,遭到辞退。此后的一年多时间里,她始终失业在家。有一次,她把自己策划的一档访谈节目推荐给国家广播公司,虽然国家广播公司同意试用她,却让她主持政治节目。当时,她对政治毫无所知,为了适应工作,她不得不抓住每一分、每一秒的时间恶补政治知识。

1982年夏天,她做好充分准备,终于正式走上主持岗位。没想到,她的主持风格很亲切,主持技巧在多年的历练中也趋于成熟,居然成功地征服了观众。在她的号召下,包括总统在内的美国人民全都积极拨打热线电话,讨论国家政治,大众对于政治表现出空前的热情。她的节目前所未有,她也因此成为颇有名气的主持人。从此,她创造了属于自己的奇迹。

回想起曾经痛苦的经历,莎莉·拉斐尔说:"在那段艰难的岁月里,我每隔一年半就会遭到辞退,我当时甚至以为自己注定一生碌碌无为。然而，我知道上帝只能决定我的存在，不能决定我的命运，我决定要用坚持不懈的努力改变命运。终于有一天，我彻底把自己的命运从上帝手中夺过来，我成为了自己命运的主宰。"

平均每一年半就被辞退一次，还时常处于失业的状态中。假如莎莉·拉斐尔不是对于自己的人生坚定不移，那么她就无法获得今天的成就。幸好，她从上帝手中夺回了自己的命运，才能成为自己命运的主宰，拥有成功辉煌的人生。

任何时候，只有理想和梦想是远远不够的。我们唯有坚定不移地迈开前进的脚步，认准脚下的路，永不停歇地走下去，才能最终到达成功的彼岸，也才能成就自己与众不同的人生。少年们，当你们遭遇挫折的时候，当你们因为命运多舛想要放弃的时候，不妨想想那些坚持不懈的成功人士吧，他们正因为顽强的信念和毅力，才获得了伟大的成就。

再努力一次，就能够获得期待已久的成功

很多时候，我们为了做一件事情，进行了1009次的努力，然后我们再也没有信心继续努力，因此选择了放弃。如果肯

第六章 人生处处有危机，谁坚持到最后谁就是赢家

德基爷爷和我们一样只坚持了1009次，那么他就不会成功。因为，他恰恰是在第1010次才获得成功的。很多成功，都在我们无法继续坚持下去的下一刻，也许只需要我们再努力一次，就能够获得期待已久的成功。

你满怀激情，怀抱梦想，那么，你准备什么时候开始实现梦想呢？你也许会说自己还没有准备好，还在等待时机的到来，殊不知，等待是最消磨意志力的事情。你必须当机立断，马上开始行动起来，才能让梦想保持新鲜的活力，才能让自己始终拥有实现梦想的勇气。对于年轻人来说，最可怕的事情莫过于热血澎湃地计划未来，却在等待中把自己的信心和激情消耗殆尽，最终不了了之，陷入绝对的失败境地。所谓绝对的失败，就是没有开始的失败。这种失败从精神上打垮年轻人，让他们斗志全无。

很多成功的人都知道：拖延就是死亡。成功总是在我们行进的过程中，躲在拐角处偷偷注视着我们。而拖延，使我们根本没有机会来到成功等待我们的地方。任何事情，一旦想好了就必须马上行动起来。很多人习惯拖延，这也是他们无法获得成功的根本原因。拖延，是对成功最决绝的拒绝。在等待中，很多人碌碌庸庸，蹉跎了一生。成功禁不起等待，只有以奔跑的速度前进，才能让我们在拐角处邂逅它的身影。

在追求成功的道路上，我们不但需要速度，也需要学会改变思路。在哥伦布之前，很多人尝试了无数次，都没有把鸡蛋成功地立起来。只有哥伦布，只是轻轻地把鸡蛋的壳磕碎，使其拥有平整的底部，就轻而易举地把鸡蛋立起来了。这就是拐角处的成功。虽然只是小小的成功，却告诉我们一个深刻的道理：人生并非只有直路，有的时候也需要拐弯。

那一年，喜爱音乐的罗伯特信心满满地去一家夜总会应聘驻唱。从很小的时候，他就开始学习声乐，再加上他的音质非常特别，这使他相信自己有足够的能力担任主唱。按照夜总会的招聘要求，他非常认真地为自己选择了一首歌，作为面试曲目。虽然他信心十足，但是这毕竟将成为他的第一份工作，他要借此养活自己，所以他的态度认真而又慎重。

面试那天，和其他应聘者相比，罗伯特的表现非常好。尽管他心里知道，他的演唱并不完美。显而易见，在比较之下，考官也准备录用他。遗憾的是，这次面试只是一种形式，其实，导演组早就内定了主唱。其他所有人，都是作为绿叶来衬托红花的。得知真相后，罗伯特认为自己遭受了不公正的待遇，非常气愤。他愤愤不平地找到导演组评理，要求对方说清楚为什么不录用他。导演组负责人不以为然地说："年轻人，你凭什么让我给你理由，我可没心情搭理你。你要是真有本事，就去大都会歌剧院演唱吧！"

在纽约，大都会歌剧院是举世闻名的歌剧院。要知道，进入大都会歌剧院演唱，对于学习音乐的人来说，是毕生的梦想。毫无疑问，导演组的负责人在挖苦罗伯特，他显然知道罗伯特根本不具备去大都会歌剧院演唱的资格和能力。第一次找工作就被如此冷嘲热讽，罗伯特万分绝望，甚至想要放弃。然而，他很快就恢复了理智，决定提升自己，进入大都会歌剧院演唱。从此之后，罗伯特进行了艰苦卓绝的训练，迅速地提升了自己。一年多之后，他果然顺利签约大都会歌剧院，实现了自己的梦想。后来，他更是不懈努力，以大都会歌剧院为起点，应邀去很多欧美国家演出，成为举世闻名的男中音歌唱家。他很感谢自己当初在夜总会被拒绝的经历，因为正是那次拒绝，让他展开翅膀在乐坛翱翔。

当上帝为你关上一扇门，一定会再为你打开一扇窗。事例中的罗伯特第一次找工作就遭受冷嘲热讽，如果他就此沉沦，那么就要放弃自己心爱的歌唱事业，一切重头再来。幸运的是，他没有放弃，而是奋起反击，证明自己。正是这样的精神，使得他一鼓作气，在经过艰苦卓绝的训练之后，成功签约大都会歌剧院。从此，他的人生完全不同了。

人生就是如此，并非永远是顺境。生活中的人们，当遭遇人生的逆境时，千万不要因此而沉沦绝望，而要努力地鼓起勇气，再接再厉。很多时候，事情的转机就出现在最糟糕的情况下，当然，前提是你不放弃，不气馁。成功就在拐角处，少年，你做好准备迎接它了吗？

再坚持一下，成功总会来到

对于刚刚参加工作的年轻人来说，可能有很多不适应的地方，有很多烦心事，但是，我希望每一个对工作不适应的人都要再坚持一下，不要轻易放弃，跨过工作中的不适应，就是一种成功。

年轻的时候有很多事情都需要你重新开始，如从幼儿园转小学的阶段，从声情并茂的娱乐学习转为枯燥的系统学习肯定不能适应；现在从学习的环境转换为一个竞争工作的环境肯定也不能很快适应；将来我们还要面对适应一个和爱侣共同生活的环境，从排斥走到互相吸引，彼此融合，那更是一个漫长的过程。我记得有人在婚姻中曾经说过"问题肯定会出现，我们首先要想的是解决之道，而不是一味逃避"，这里，他们把"离婚"理解为一种逃避行为。

第六章
人生处处有危机，谁坚持到最后谁就是赢家

我想把"辞职"也类比为一种逃避的态度，世界上没有任何你想象中的工作和工作环境。如果你不能解决工作中那种不适应的感受，你不能融入竞争合作团队，或者无法适应更多的工作压力，那么换一个工作环境并无更大的不同。工作可以重新开始，可是心态并不能重新开始；也许在婚姻中你还可以找到无限包容你的人，可是周围的同事永远不可能无限包容你，世界上也不可能有绝对的公平。

对于工作中出现的种种不如意，如果想要学会成长，就必须要找寻问题的解决之道。如果是工作压力太大，就只能提升自己的能力，加速自己在公司的学习，或者多加班；如果感觉应付不来同事间的竞争，就应该向人际关系好的朋友多学习一些与人相处之道；如果自己觉得被同事们忽视，就应该多一些互动，不要独来独往，多多和同事们交谈请教；如果觉得自己被大材小用了，就应该在岗位上做得更突出，多做出一些贡献，多一些让上司看到你的机会。

我想无论在工作上有什么问题都是可以解决的，同时这些问题也是每一个走上工作岗位的人需要解决和适应的。坚持是解决问题的唯一方法，可能有些人外向，融入公司环境就比较容易一点，有些人则内向一点，融入就会有些困难。但是任何一个团体被闯入，都不会感觉太舒服，同事们的敌视情绪你也

会慢慢体会到，但只要长久地坚持，就会慢慢融入。

你也许无法选择工作，但可以选择态度，如果明白无论走到哪里，你面临的环境其实都是大同小异的；无论走到哪个单位，这些问题都是需要解决的，相信你打算跳槽的时候就会变得谨慎一些。走上社会，就代表你要适应更复杂的人际状况，更激烈的竞争，因为在这里你除了竞争成绩以外，还要竞争人气、利益。因为在这里工作的状况将直接决定你以后的社会地位和可能取得的成就，因此每个人对工作都应该全力以赴。

工作这个战场，其实更多的时候进行的是"持久战"，那种在一气之下放弃战场，或者另辟战场的人，最终将败给那些始终坚持的人。跨过适应阶段，你就取得了人生的第一个成功。无论以后是否会跳槽，是否会待在这个公司，适应工作生活本身对于你就是一项挑战，也是一个胜利。只要学会了融入社会人群的技巧，学会了怎样和同事在竞争中双赢、求共同生存、求进步，学会了怎样保持对工作的热情、怎样取得工作进展，这就是一种成功。

在工作中，值得学习的不仅仅是技术上的事，能够取得进步的，不仅仅是能力，更应当在人际关系上、在意志力上、在坚持己见上、在眼界上实现更大的进步，这就是非物质方面的进步追求。仅仅为了薪水，或仅仅因为自己的情绪不愉快，而另谋高就的行为是非常幼稚的。如果老是去琢磨哪些人你讨厌，哪些人与你志趣相投，那么你就错了，要想着如何让别人接纳你，而不是你能接受什么样的人。这是工作的第一课，如果能够学得好，你就取得了绝对的进步。

从自己从事第一份工作开始，就要学会处理许多问题，只有这些问题都有了解决之道，你才能说自己成熟了。自己与周围同事、上司的关系，慢慢融入是唯一之道，在任何岗位都需要和周围的同事相处，你再跳槽多少次，这个问题都要解决。自己和客户的关系处理很重要，如果你从事的不是公司内部的技术性工作，那么和跟自己有竞争关系的或者有敌对情绪的客户打交道是必学的一课。处理好自己和自己的关系，能够正确认识自己，对自己有正确的定位，是人的一生都在追求的目标，这个问题可以帮你弄明白"到底是你本身的错误，还是你和公司文化之间有冲突"，可以帮你决定自己是否应该跳槽。

人生就是一次又一次的跨越，这些跨越，跨过的不是环境的阻滞，而是自己的心态，战胜了自己，就是一种飞跃，就是一种成功。在日后回顾以往的时候，你会对自己今天做出的努力，做出的决定感到非常欣慰。

持之以恒的努力，终会柳暗花明

成功的秘诀在于执着，成功偏爱执着的追求者。世界上许多名人的成功都来自于克服千辛万苦和持之以恒的努力，只有这样，你才会渐渐接近辉煌。稍有困难便更改航向或经不起外界的诱惑，恐怕会永远远离成功。只要坚持下去，相信柳暗花明的日子终会到来。

古代有一位任公子，胸怀大志，为人宽厚潇洒。任公子做了一个硕大的钓鱼钩，用很粗很结实的黑绳子把鱼钩系牢，然后用15头阉过的肥牛做鱼饵，挂在鱼钩上去钓鱼。

任公子蹲在高高的会稽山上，他把钓钩甩进阔大的东海里。一天一天过去了，没见什么动静。任公子一点儿也不急躁，一心只等大鱼上钩。一个月过去了，又一个月也过去了，毫无成效。但任公子依然不慌不忙、十分耐心地守候着大鱼上钩。一年过去了，任公子没有钓到一条鱼，可他还是毫不气馁地蹲在会稽山上，任凭风吹雨打。

又过了一段时间，突然有一天，一条大鱼游过来，一口吞下了钓饵。这条大鱼即刻牵着鱼钩一头沉入水底，它咬住大钩只疼得狂蹦乱跳，一会儿钻出水面，一会儿沉入水底，只见海面上掀起了一阵阵巨浪，如同白色山峰，海水摇撼震荡，啸声

第六章
人生处处有危机，谁坚持到最后谁就是赢家

如排山倒海。大鱼发出的惨叫如鬼哭狼嚎，那巨大的威势让千里之外的人听了都心惊肉跳、惶恐不安。

任公子最后终于征服了这条筋疲力尽的大鱼，他将这条鱼剖开，切成块，然后晒成咸肉干。任公子把这些肉干分给大家共享，从浙江以东到苍梧以北一带的人，全都品尝过任公子用这条大鱼制作的鱼干。

多少年以后，一些既没本事又爱道听途说、评头论足的人都以惊奇的口气互相传说着这件事情，似乎还大大表示怀疑。因为这些眼光短浅、只会按常规做事的人，只知道拿普通的渔竿，到一些小水沟或河塘去，眼睛盯着鲵鲋一类的小鱼，他们要想像任公子那样钓到大鱼，当然是不可能的。

任公子志向远大，一心想着钓大鱼，全然不顾钓小鱼的诱惑，一心一意地朝着既定目标努力，经过一年的漫长等待，功夫不负有心人，任公子终于钓到他梦寐以求的大鱼。

如果中途放弃，如果被一系列的消极心理打败，想必任公子永远无法钓到大鱼。从这则寓言中相信我们读到了很多，梦想、目标、诱惑、信念、坚毅……这些成功的因素都摆脱不了他那颗坚持到底、决不放弃的心。长远的目标需要长期的耐心，希望我们每一位朋友能学习到任公子的这种精神。

迪斯尼在上学的时候，就对绘画和描写冒险生涯的小说

特别地入迷，他很快就读完了马克·吐温的《汤姆·索亚历险记》等探险小说。一次，老师布置了绘画作业，小迪斯尼就充分地发挥了自己的想象力，把一盆的花朵都画成了人脸，把叶子画成人手，并且每朵花都以不同的表情来表现自己的个性。按说这对孩子来说应该是一件非常值得肯定的事，然而，无知的老师根本就不理解孩子心灵中的那个美妙的世界，竟然认为小迪斯尼这是胡闹，说："花儿就是花儿，怎么会有人形？不会画画，就不要乱画了！"并当众把他的作品撕得粉碎。小迪斯尼辩解说："在我的心里，这些花儿确实是有生命的啊，有时我能听到风中的花朵在向我问好。"老师感到非常气愤，就把小迪斯尼拎到讲台上狠狠地毒打一顿，并告诫他："以后再乱画，比这打得还要狠。"

值得庆幸的是，老师的这顿毒打并没有改变他"乱画的毛病"，小迪斯尼一直在努力地追求着成为一个漫画家的梦想。

第一次世界大战美国参战后，迪斯尼不顾父母的反对，报名当了一名志愿兵，在军中做了一名汽车驾驶员。闲暇的时候，他就创作一些漫画作品寄给国内的一些幽默杂志，他的作品竟然无一例外地被退了回来，理由就是作品太平庸，作者缺乏才气和灵性。

战争结束后，迪斯尼拒绝了父亲要他到自己持有股份的冷冻厂工作的要求,他要去实现他童年时就立誓实现的画家梦。他来到了堪萨斯市,他拿着自己的作品四处求职,经过一次又一次的碰壁之后,终于在一家广告公司找到了一份工作。然而,他只干了一个月就被辞退了,理由仍是缺乏绘画能力。

1923年10月,迪斯尼终于和哥哥罗伊在好莱坞一家房地产公司后院的一个废弃的仓库里,正式成立了属于自己的迪斯尼兄弟公司,不久,公司就更名为"沃尔特·迪斯尼公司"。

虽然历尽了坎坷,但他创造的米老鼠和唐老鸭几年后便享誉全世界,并为他获得了27项奥斯卡金像奖,使他成为世界上获得该奖最多的人。他死后,《纽约时报》刊登的讣告这样写道:

"沃尔特·迪斯尼开始时几乎一无所有,仅有的就是一点绘画才能,与所有人的想象不相吻合的天赋想象力,以及百折不挠一定要成功的决心,最后他成了好莱坞最优秀的创业者和全世界最成功的漫画大师……"

历尽挫折和磨难的人,自然是生命的强者。挫折不一定百分之百成就一个人,但一个成功的人一定是历经各种磨难,最终坚持到底的人。沃尔特·迪斯尼就是这样的一个人。

不坚持,再好的计划也变不成实际效果;不坚持,再好的方案也没办法让你胜出;不坚持,再好的选择也走不出光明;

不坚持，再好的工作也创造不出未来。现在，你还想放弃吗？你还想半途而废吗？少年们，不要轻言放弃，身体和灵魂一定要在路上前行。

相信自己，坚守心中的那块"土地"

生活中，我们要学会坚守心中的那块"土地"，因为它会给自己带来好运。其实，坚守心中的那块"土地"，就是要在任何时候相信自己。哲人说："面对任何问题都要持怀疑态度，以好奇的态度进行思考。"当然，对问题的怀疑将意味着我们需要证明自己心中的想法是正确的，但这时候我们怀疑的是问题本身，而不应该是自己。在任何质疑面前，我们都不要怀疑自己，而是大胆证明自己。当然，这需要绝对的自信与勇气。

克里斯托莱伊恩是英国一位年轻的建筑设计师，幸运的他被邀请参加了温泽市政府大厅的设计，克里斯托莱伊恩没有运用工程力学，而是根据自己的经验，巧妙地设计了只用一根柱子就支撑大厅天花板的预案。一年过去了，当市政府请权威人士来验收工程的时候，却对克里斯托莱伊恩设计的一根支柱提

第六章
人生处处有危机，谁坚持到最后谁就是赢家

出了异议。他们认为用一根柱子支撑天花板太危险了，要求克里斯托莱伊恩再多增加几根柱子。克里斯托莱伊恩十分自信地说："只要用一根柱子便足以保证大厅的稳固。"他完全相信自己的计算和经验，拒绝了工程验收专家的建议。不过，克里斯托莱伊恩的固执惹恼了市政府官员，他差点因此而被送上法庭。在这样的情况下，克里斯托莱伊恩只好在大厅周围增加了4根柱子，不过，这4根柱子全都没有挨着天花板，之间相隔了2毫米。

300年过去了，温泽市的市政官员换了一批又一批，但是，市政府大厅依然坚固如初。一直到20世纪后期，当市政府准备修缮大厅的时候，才发现了这个秘密。当时，消息一传出，轰动了世界，各国著名的建筑师都慕名而来，欣赏这几根神奇的柱子，他们看到了在大厅中央圆柱顶端写着的一行字："自信和真理只需要一根支柱。"而克里斯托莱伊恩这位伟大的设计师只留下了这样一句话："我很自信，至少100年后，当你们面对这根柱子的时候，只能哑口无言，甚至瞠目结舌，我要说明的是，你们看到的不是什么奇迹，而是我对自信的一点坚持。"

即使遭到了质疑，克里斯托莱伊恩依然坚信自己的设计是正确的，而时间证明了一切。有的人其实已经触碰了真理，但

却因此而怀疑自己，最终错过了成功的机会。

1900年，著名教授普朗克和儿子在花园里散步，他看起来神情沮丧，遗憾地对儿子说："孩子，十分遗憾，今天有个发现，它和牛顿的发现同样重要。"原来，他提出了量子力学假设以及普朗克公式，但是，由于他一直很崇拜牛顿并虔诚地将牛顿的理论奉为权威，而自己的发现将打破这一完美理论，他有些怀疑自己的判断，最终他宣布取消自己的假设。不久之后，25岁的爱因斯坦大胆假设，他赞赏普朗克假设并向纵深处引申，提出了光量子理论，奠定了量子力学的基础。随后，爱因斯坦又突破了牛顿绝对时空理论，创立了震惊世界的相对论，并一举成名。

对自己的怀疑，常常会让我们失去成功的机会，或是让我们放慢前进的脚步。普朗克对自己的怀疑，使整个物理理论停滞了几十年。所以，任何时候，都莫要怀疑自己，而是要努力、勇敢地证明自己，这样我们才有可能站在成功的顶峰之上。

面对强大的势力，面对重重的困难，面对许多的诱惑，我们是否需要坚守心中的那份自信呢？总是不断地怀疑自己，这是缺乏自信的人所表现出来的特点。缺乏自信的人，他们不敢，甚至畏惧相信自己的想法和判断；缺乏自信的人，他们想办法证明自己是错误的，而不会证明自己是正确的，因为他们内心畏惧出错。怀疑自己，只会成为我们成功之路的障碍，只会使我们放慢前进的步伐，所以，少年们，对自己多一份自信，相信自己，千万不要怀疑自己，同时，我们应该鼓起勇气去证明自己。

第七章

战胜自己的弱点，更好的自己才配得上更好的命运

迎难而上，才是真正的勇者

在生活中，每个人都会遇到困难。是知难而退，还是迎难而上，这取决于每个人的性格，但是却毫无例外地影响人们的命运。有些人的性格非常刚强，即使遇到困难，也毫不畏缩，迎难而上。与之相反，有些人天性畏缩，不管遇到什么事情，只要有一点点困难，就会马上变得缩头缩脑。其实，人们并非总是同情弱者。因为人的劣根性，很多人在人际相处的过程中，会敬畏强者，而欺凌弱者。想到这里，聪明的读者朋友当然知道是什么意思。软弱可欺，并非只是一句书面语，在现实生活中也频繁发生。聪明人不会给别有用心、居心叵测的人留下可乘之机，相反，他们会让自己变得更加坚强，以便增强自己的实力，让其他人知难而退。

也许有人会说，善良总是会有好报的。不得不说，我们可以善良，但是也要牢记民间的一句话，人善被人欺，马善被人骑。无可否认，善良的心让我们的人生变得纯净而又高贵，遗憾的是，人世间除了心地善良的人之外，还有大量的好斗分子。他们总是看谁好欺负就欺负谁，如此一来，我们在善良的

第七章
战胜自己的弱点，更好的自己才配得上更好的命运

同时，必须坚定自己的原则，用坚强捍卫自己的善良。善良，不等于软弱可欺。善良，是一种品质，和坚强刚硬一样，可以同时并存于一个人身上。只有做到这两者的完美结合，善良才能长久。我们无须害怕被别人欺负，在别人欺负我们的同时，恰巧我们可以以强硬的姿态表达自己的原则和立场。善良的人会主动捐献出金钱物质帮助穷苦人，但是这和自己的生命财产被恶人剥夺完全是两种不同的性质。因此，年轻人们，你尽可以善良，但是也要抓住一切机会捍卫自己的主权，表明自己的立场。

晓敏刚刚参加工作，就因为工作上的出色表现，得到了领导的认可和表扬。对于这样一个初出茅庐的黄毛丫头，就得到领导的大力赞赏，很多老员工都羡慕不已。当然，其中也不乏有些居心叵测者，对晓敏由妒生恨，怀恨在心。

有一次，晓敏在工作中出现失误，给公司带来了不小的损失。为此，赏罚分明的领导给了她一个三级过失，留职察看。这次失误，让晓敏在工作上承受了巨大的压力，也变成了流言蜚语的中心。一天午餐时分，晓敏一个人独坐一桌，正在吃饭，突然听到一个尖锐的女高音穿进她的耳朵里："归根到底，晓敏有什么资历呢？不过是凭着凑巧的运气，做出了一点成绩。看着吧，这次领导给她记三级过失，很快就会把她扫地

出门的。"晓敏听到这话之后，饭没吃完就匆匆忙忙地走了。那个尖锐的女高音故意提高嗓门继续说："看吧，她就一个草包。要是真有本事，怎么不为自己辩解啊？"听到这话，已经走到餐厅门口的晓敏回过头来，她改变主意了，不再逃避，而是面对。她径直走到女高音面前，淡然地说："李姐，首先，我很佩服你的女高音，比喇叭更具有穿透力。其次，我非常感谢你的提醒。我的确就是个刚刚毕业的黄毛丫头，但是我却凭借能力获得了领导的认可。你的提醒让我更加深刻意识到工作上是不能出现失误的，我想，这样的情况绝对不会再出现第二次。最后，我想给你一个建议，以你的嗓音和音质，你完全可以在公司的年会上独唱一曲，一定会震惊全场。"说完，晓敏微笑着对着女高音鞠了一躬，就转身离开了。

所谓的李姐，正沉浸在惊愕之中。她曾经故意以高分贝的声音说过晓敏好几次了，晓敏都选择逃避。这次，她万万没想到晓敏居然敢在大庭广众之下与她当面较量，而且说得合情合理，让她根本无从反驳。从此之后，李姐再也不敢在背后说晓敏的坏话了。

一次次的退缩，只会让李姐更加得意忘形，得寸进尺地挖苦讽刺晓敏。这一次，晓敏出人意料地直面李姐的冷嘲热讽，反而让李姐措手不及。做人做事就要这样，虽然善良，但是不能软弱可欺。

在生活和工作中，每个人都难免会因为一些事情遭受非议，有好事者还会以此为借口，冷嘲热讽，表现自己肤浅的高明。首先，我们要认清一点，即年轻人犯错误是正常的事情，没有必要因为一次错误就小看自己。哪个人在成长的道路上没有犯过错误呢？只要虚心改正，年轻人一定会吸取经验和教训，拥有更加美好的未来。既然想清楚这一点，当别人揪住你犯错的小辫子对你冷嘲热讽的时候，你也就没有必要忍气吞声。

对自己狠一点，改正坏习惯

有位名人曾经说过："播种行为，收获习惯；播种习惯，收获性格；播种性格，收获命运。"的确，好习惯是走向成功的钥匙，而坏习惯则是通向失败的大门。很多人在人生的道路上没有坚持到胜利，并不是他们没有聪慧的大脑，也不是没有赶上好的时机，而是他们身上的那些坏习惯阻碍了他们的成功之路。

保罗·盖蒂，曾连续20年保持美国首富地位。保罗·盖蒂商战谋略高超,在和美国"石油七姐妹"的鏖战中,建立起了自己的石油帝国,被称为"石油怪杰"。

保罗·盖蒂有句名言:"好习惯让人立于不败之地,坏习惯则让人从成功的宝座上跌下来。"有一段时期,保罗·盖蒂抽烟抽得很凶。他在法国度假的时候,有一天晚上,下起了大雨,道路泥泞,十分不好走,他开了几个小时的车,感觉累极了,于是就近找了一家小旅店投宿。

吃完晚饭,他回到自己的房间倒头就睡。但是天还没有亮的时候他就醒来了,此时,他很想抽一支烟。他打开灯,在床头找烟,但是没有。

他不得不下了床,翻遍了衣服口袋和行李袋,但是连一根烟头都没有找到,这让他感到失望极了。因为他清楚这时旅馆的酒吧和外面的餐厅都没开门,而把不耐烦的门房叫醒,是不可能的事情。

为了满足自己的烟瘾,保罗·盖蒂决定起床穿好衣服,到6条街之外的火车站去。可是,他忽然想起自己的汽车停在离旅馆还有一段距离的车房里,车房已经关门了,凌晨六点才会开,外面现在还下着雨,这个时间段也不可能叫到出租车。但是,在烟瘾的驱使下,盖蒂还是下了床,穿好衣服,准备冒雨出去买烟。然而,在他准备伸手拿雨衣的时候,他忽然感到自己的行为实在是太荒唐可笑了。盖蒂站在那里,反思自己的行为。一个受过教育的知识分子,一个商人,一个自诩有足够智慧对他人下命令的人,居然管不住自己的欲望,为了一根香烟,离开舒适的旅馆,半夜三更冒雨出去。

这时,保罗·盖蒂第一次注意到,自己早已养成了一个不好的习惯,那就是为了一个坏习惯的满足,他可以放弃极大的舒适。他清醒地认识到自己的这个习惯将会对自己影响很大,所以,他很快就做出了一个决定。他走到桌边,把烟盒扔了出去。然后心情轻松地换上睡衣,回到舒适的床上。心中有种解脱的感觉,甚至还有一种胜利的感觉。他满足地关上了灯,伴随着窗外的雨声,睡眠香甜。从那以后,保罗·盖蒂就戒了烟。

其实,我们可以用类似下面的语言来时刻提醒自己:

笨蛋才不能控制吸烟的欲望。我可以戒烟。

吸烟不利于我的身体健康。吸烟损害了身边人的健康。我可以凭意志力戒烟。

你可以选择做一些其他的事情代替吸烟,从而转移注意力,这种方法十分有效。

坏习惯是可以改掉的,只要我们对自己狠得下心,不再一味地娇惯自己,努力去改正,那么我们慢慢地就会摆脱坏习惯的控制。人应该支配习惯，而绝不能让习惯支配人，一个人如果不能改掉他的坏习惯，那简直是太失败了。

任何行为在重复做过几次之后，就变成一种习惯。习惯有好有坏。好习惯虽不能立即带来明显的效益，但会让你一辈子从中受益；坏习惯，却只能令你的成就有限。如果人们沾染到坏习惯不懂得及时改正，那么一旦坏习惯在人们的思想里根深蒂固，我们前进的道路就会受到严重的阻碍。总的来说，做人，应坚持好习惯，摒弃坏习惯。

得过且过，只能蹉跎一生

传说从前在五台山有一种奇特的小鸟，名叫寒号虫。寒号虫有四只脚，两只肉翅，不会飞行。盛夏季节是寒号虫最快乐的日子，它全身长着绚丽丰满的羽毛，鲜艳夺目，使百鸟十分惊羡。这时，寒号虫得意洋洋，整天走来走去，到处找别的鸟比美。它一边走一边唱道："凤凰不如我！凤凰不如我！"

夏去秋来，有些鸟飞向遥远的南方，到那里去过冬；留下的鸟整天辛勤劳碌，积粮造窝，准备过冬。只有寒号虫仍然游游逛逛，到处炫耀它那身五光十色的羽毛。

第七章
战胜自己的弱点，更好的自己才配得上更好的命运

秋去冬来，寒风呼啸，雪花飘舞。别的鸟在秋季都换上了一身又厚又密的羽毛，迎接寒冬的到来；而寒号虫却与众不同，到了冬天，它那身漂亮的羽毛脱得光光的，一根毛也没剩下，就好像还没有长毛的鸟崽。夜晚，全身光秃秃的寒号虫，躲藏在石缝里，凛冽的寒风不断袭来，冻得它浑身直打哆嗦。它不断地咕噜道："好冷啊，好冷啊，明天就做窝，明天就做窝。"可是，当寒夜过去，太阳从东方升起，温暖的阳光照耀大地，这时，寒号虫却忘记了昨夜的寒冷，忘记了要做窝的决心，它又说做："得过且过！得过且过！"

寒号虫始终也没有做窝，就这样一天天的混日子，最后冻死在五台山的岩石缝里。

成语"得过且过"即由此而来，意思是过一天算一天，不作长远打算。现在也指工作、学习中只求过得去即可。对于很多人来说，容易受到外界的迷惑，不能始终坚持，一味地贪图享乐，他们不奋力前进，最后只能蹉跎一生，一事无成。

有一条偷奸耍滑的狼，每次跟着狼群去抓捕猎物的时候，它都不会全力以赴。而只会虚张声势地比划几下子，有好几次猎物的逃脱都与它的配合不到位有很大的关系。

事后，头狼组织狼群一起总结捕杀猎物的经验教训时，它也不认真听。别的狼刻苦训练、挑战自己的极限时，它却优哉

游哉地到处晃悠。它的生活状态分明就是在混日子。

渐渐地，头狼和许多其他的狼都看出这条狼懒惰而又自以为很聪明的本质了，纷纷地开始疏远它了。

但是这条狼却不知悔改，相反，它认为，反正事已至此，也只有得过且过，混完一天是一天了。它不愿意痛苦地磨炼自己，也不愿意为了保持捕获的能力而一次次地挑战自己奔跑的极限。

头狼见它丝毫没有悔改之意，于是就毅然决然把它赶出狼群了。没过多久，这条狼就被饿死了。

这匹狼很明显的就是在混日子，根本不懂得学习提升自己的本领，熬一天算一天，这样的心态饿死也是情理之中的事情。其实生活中不也是有很多类似的人吗？无论是对待工作还是生活，没有丝毫的上进心，别人在追求梦想的路上不断打拼，而他们却在悠闲自在地混日子混工资，慢慢地就成了一个颓废的人。还有的人想做大事，却漫无目标，得过且过。这样的人肯定会有很多局限性而无法超越自我，难有大的突破和进展。实际上，凡是有"得过且过"心态的人，无不是给自己立了一堵墙，并陶然自得地在围墙之内沉醉。殊不知，这其实是在耗费生命。

你要努力是对自己人生的负责，你对生活的热忱是对生命的敬重，在这个方面美国著名人寿保险推销员乔治就创造出来一个个伟大的奇迹。

最初，乔治是一名职业棒球运动员，后来却被球队开除了，因为他动作无力，没有激情。球队经理对乔治说："你这样对职业没有热忱，不配做一名棒球职业运动员。无论你到哪里做任何事情，若不能打起精神来，你永远都不可能有出路。"这次惨痛的经历给了乔治沉重的打击，但他并未意志消沉。朋友又给乔治介绍了一个新的球队。

在工作的第一天，乔治做出了一个惊人的决定：他决定做美国最有热情的职业棒球运动员。从此以后，球场上的乔治就像装了马达一样，强力地击高球，把接球人的手臂都震麻了。

有一次，乔治像坦克一样高速冲入三垒，对方的三垒手被乔治强大的气势给镇住了，竟然忘了去接球，乔治赢得了胜利。热忱给乔治带来了意想不到的结果，不仅将他出色的球技发挥得淋漓尽致，还感染了其他队员，整个球队变得激情四溢。

最终，球队取得了前所未有的佳绩。当地的报纸对乔治大加赞赏：那位新加入进来的球员，无疑是一个霹雳球手，全队的人受到他的影响都充满了活力，他们不但赢了，这场比赛也是本赛季最精彩的一场比赛。

由于对工作和球队的热忱，乔治的薪水由刚入队的500美元提高到约4000美元。在以后的几年里。凭着这一股热情，乔治的薪水又增加了约50倍。

后来，由于腿部受伤，乔治离开了心爱的棒球队，到一家著名的人寿保险公司当保险助理，但整整一年都没有业绩。乔治又迸发了像当年打棒球一样的工作热忱。很快就成了人寿保险界的推销明星。后来他一直从事这个职业，取得了非常优秀的成绩。

乔治在回顾他的职业生涯时深有感触地说："我从事推销30年了，见过许多人，由于对工作保持着热忱的态度，他们的收效成倍地增加；我也见过另一些人，由于缺乏热忱而走投无路。我深信热忱的态度是成功推销的最重要因素。"

得过且过，满足于现状的人，永远只会活在自我的窄小的圈子中，看不到希望的曙光，很难有出头之日。对于成功的人来说，他们都有着远大的目标，有着前进的动力，有着不断挑战自我的决心。他们不畏惧困难，不得过且过，没有混日子的心态，这是一种责任意识，也是一种生活态度，所以成功不属于他们属于谁呢？他们不会因为一时的成功而扬扬自得，不思进取，始终认为"下一刻的自己才是最好的"，从而激发他不断追求更高目标的欲望，直达最终的成功。

第七章
战胜自己的弱点，更好的自己才配得上更好的命运

有一颗敢于改变自己的心，才能实现完美蜕变

有个关于猫头鹰的故事，故事的内容是讲述了这只猫头鹰搬家的悲剧：

一只猫头鹰，总是搬家。这天，住在树林西边的它又要搬到东边去了。原因是，它周围的动物都讨厌它难听的声音，拒绝与它交往，它感到住不下去了，非搬家不可，却没有一次能稳定地居住下来。

直言的鸠鸟看它奔波劳累，就告诉它："假如你能改变自己的叫声，搬到东边去当然可以，但如果还是老样子，新邻居们仍然会讨厌你的声音。"

不去挖掘事情最本质的原因，如果一味地搬家，那就是等于白费功夫。只可惜猫头鹰一直不懂得这个道理。其实，生活中这样的事情也很多。许多人不懂得去正视自己，审视自己的缺点，到头来只能碰得一鼻子灰。

我们需要改变，我们不仅仅要把自己的缺陷弥补好，我们还要把自己变得更加优秀，在自己的一生中创造更多的可能。有一颗敢于改变自己的心，你才能不怕前方的荆棘，你才有不断前进的勇气，你才有改变环境的魄力。

曾经有位影评家曾这样评价查里斯："好莱坞向这个年轻

人敞开大门,倘非绝后,那肯定也是空前的!"这其中也有着一段精彩的故事。

查里斯出生时,大夫告诉他的母亲:"趁现在还来得及,最好送他到福利院去。"查里斯没去那儿,但家里却为此吃足了苦头。快3岁时,他才会摇摇晃晃地走第一步;整整一个冬天,他的两个姐姐带他坐在一面大镜子前,抓着他的手点着自己的鼻子,问他:"这是什么?""嘴巴。"更糟的是,包括他父母亲在内,很少有人能听懂他说的话。4岁那年,他被送往"肯尼迪儿童中心"学习。在那儿,他终于有了长足的进步。一天,他捧回一个刻着"Cheerios"字样的盒子给母亲:"看,上面有我的名字!"(他的名字为:Cheers)母亲高兴得流下了眼泪。

一天下午——那年他正好8岁——他翻出一本旧的照相本,里面有他的两个姐姐幼年时在电视广告中的剧照。他一下被迷住了,痴痴地一再嚷道:"我要,我也要上电视。"他的父亲忧心忡忡地劝道:"我实在看不出有这种可能性。"

查里斯却从没忘怀他的梦。一有空,他便一遍遍地借助着录像带练习唱歌和跳舞。4年后,机会终于来了。他在学校的圣诞晚会上扮演一个牧羊人,唯一的一句台词是:"嗨,真逗!"为这句话,他反复练习了两个多星期,连在梦中也念叨

第七章
战胜自己的弱点，更好的自己才配得上更好的命运

不已。

演出的那天，观众席上的一位来宾听说了这件事。"真逗！"他对自己说。又过了10年，一位好莱坞制片人准备推出一部肥皂剧的时候，发现还少个跑龙套的角色。他抓起电话，"嗨，小伙子，对好莱坞还有兴趣吗？"千里之外，查里斯热情洋溢的声音顿时打消了他的疑虑。"好莱坞？太棒了！要知道我没有一天不想它呢！"

这样，当查里斯22岁那年，他第一次来到了好莱坞，和那些大明星在一起，他感到无比高兴和激动，说话也变得流畅自然了。

电视剧原定于1987年9月播出，然而全美电视网联播公司拒绝购买播映权。查里斯的梦幻破灭了。

他又回到了原先工作过的单位。到1988年，他已有了令人羡慕的固定薪水。他的家人和一些朋友都为之欣慰。他们一再对他说："你必须忘掉那些关于好莱坞的陈词滥调，那扇门不会向你打开的！"

但查里斯深信，门会开的。

好莱坞也没忘记他。不少人都说："让这个迷人的小伙子离开银幕太可惜了，何不再安排一次机会让他碰碰运气呢？"于是，一个编剧专为他写了一部家庭伦理片。剧中父子

两人——儿子像查里斯一样，患有先天性残疾——相濡以沫，共渡艰难人生。正式开拍那天，查里斯站在摄影机前，泪流满面。他想起了自己坎坷不平的人生道路，想起了父母亲过早花白的头发，想起了无数帮助过自己的认识的和不认识的朋友，更想起了那些在疯人院中孤苦无助的同龄人。他泣不成声地对"父亲"道："天真黑！爸爸，拉我一把。你的手会给我温暖和勇气。让我们手拉手，共同走完这条人生路上泥泞的短暂的隧道……"

查里斯成功了。所有的评论都说，"这部影片可能不是最出色的，但肯定是最感人的。"一夜间，查里斯成了人们的偶像。信件铺天盖地般涌来。一个中学生来信说："我今年17岁，和你一样，我也患有严重的残疾。你是我心中的英雄。是你，改变了我的生活。"

"我不是英雄，"查里斯告诉他，"我只是努力去改变自己。也许，生活也因此一天天地变得更美好了。"

只要你敢想、敢做、敢改变，那么你就是一个成功者。托尔斯泰曾说："世界上只有两种人，一种是观望者，另一种是行动者。大多数人都想改变这个世界，但没有人想改变自己。"是啊，从此刻开始，行动起来吧，让我们不断迸发前进的力量，把我们的明天变得更加美好。

除了你自己，没有人能打败你

在通向成功的人生征途中，必定会荆棘丛生、困难重重。当你走在这条征途上时，是否会因为遇到困难而畏缩不前？是否会因为遇到挫折而自暴自弃？成功始于自信，这个道理人人皆知，但并非人人都能做到。试问：当艰巨的任务摆在你面前时，你能够充满信心地勇敢上前吗？当经受了许多次挫折后，你仍然能对自己最终达到目标的信心毫不动摇吗？当周围的人都瞧不起你，认为你是个"废物""无能之辈"时，你仍然能坚信"天生我材必有用"吗？

莎士比亚曾说："假使我们自己将自己比作泥土，那就真要成为别人践踏的东西了。"很多时候，我们总是不敢相信自己，总是认为别人比我们要强很多，一件事情要得到别人的肯定才是正确的。我们羡慕着别人的才能、幸运和成就，同时，我们最大化地浪费着自己。

我们生活在竞争如此激烈的社会中，与天斗，与人斗，每个人都想获得胜利、出人头地。但是，经过多少次的失败，我们才真正明白，那个最终使我们受伤的强大的敌人，深深地隐藏在我们自己的心中，这个世界上真正能够打败你的人，唯有你自己。在人的一生中想的最多的是战胜别人，超越别人，凡事都要比别人强。其实，人一生中面临的最大困难和敌人就是自己。战胜了自己，你将战胜一切！

苏格拉底在风烛残年之际，知道自己时日不多了，就想考验和点化一下他的那位平时看来很不错的助手。他把助手叫到床前说："我的蜡烛所剩不多了，得找另一根蜡烛接着点下去，你明白我的意思吗？"

"明白，"那位助手赶快说，"您的思想得很好地传承下去……"

"可是，"苏格拉底慢悠悠地说，"我需要一位优秀的传承者，他不但要有相当的智慧，还必须有充分的信心和非凡的勇气……这样的人直到现在我还未见到，你帮我寻找和发掘一位好吗？"

"好的，好的。"助手很温顺、很尊重地说，"我一定竭尽全力地去寻找，不辜负您的栽培和信任。"

苏格拉底笑了笑，没再说什么。

那位忠诚而勤奋的助手，不辞辛劳地通过各种渠道开始四处寻找了。可他领来一个又一个人，都被苏格拉底一一婉言谢绝了。有一次，当那位助手再次无功而返地回到苏格拉底的病床前时，病入膏肓的苏格拉底硬撑着坐起来，抚着那位助手的肩膀说："真是辛苦你了，不过，你找来的那些人，其实还不如你……"

半年之后，苏格拉底眼看就要告别人世，最优秀的人选还是没有眉目。助手非常惭愧，泪流满面地坐在病床边，语气沉重地说："我真对不起您，令您失望了！"

"失望的是我，对不起的却是你自己。"苏格拉底说到这里，很失望地闭上眼睛，停顿了许久，才又不无哀怨地说，"本来，最优秀的人就是你自己，只是因为你不敢相信自己，才把自己给忽略了，不知道如何发掘和重用自己……"话没说完，一代哲人永远离开了他曾经深切关注着的世界。

那位助手非常后悔，甚至后悔、自责了后半生。

虽然这只是一个传闻，但其中深刻的寓意让我们每一个人感慨不已。成功属于自信的强者。自信的树立与巩固，与人生的不断收获是分不开的。自信不是天生的，也不是想达到什么程度就能达到什么程度，当人们在具体的职业上，经过不断地学习，增添了新的技能并在实践中加以良好运用，而不断取得新的成效，有所进步、有所发展时，自信心就会不断地提升，并长此以往，形成一种自觉的心理态势，达到"自信人生二百年，会当击水三千里"的境界。

要领悟到，向命运的高峰挺进中的每一高度的跃升，都是最终实现人生理想的一种积淀。要善于把这种积淀化为增加自信的新源泉。培根曾说过:"人人都可以成为自己命运的建筑师。"当我们面对前进路上的荆棘,不要畏缩,因为通往云端的路只会亲吻攀登者的足迹;当我们面对人生路上的挫折,不要灰心,因为试飞的雏鹰也许会摔下一百次,但肯定会在第一百零一次试飞时冲入蓝天。

失败是人生的熔炉。它可以把人烤死,也可以让人变得坚强自信。这就要看你面对失败的心态是否乐观。若不战自败,那你就彻底陷入失败的沼泽中了。此时,你输给的不是别人,而是自己。

疯狂英语的创始人李阳,他的英语不是说出来的,而是喊出来的。李阳在读大学时,英语成绩一塌糊涂,尤其是听力和口语。一次,李阳被老师叫起来回答一个简单的问题,李阳知道这个问题的答案,可就是说不出来。于是他对老师说:"我可以写在纸上再给你看吗?"同学们哄堂大笑。老师生气地说:"这么简单的句子都说不出来,你还是大学生吗?"接着老师又转过身去对同学们说:"如果你们不好好学习口语,就会像李阳这样。""就像李阳这样",这句话深深地伤害了他。从那时起,他就下定决心,非要把口语练好不可!

于是,他开始了勤奋练习。他每天早晨坚持到学校后面的小山上练习口语,练习的时候,不是说,而是大声地喊出来,更让人不可思议的是，他的嘴里竟然含着石头。李阳认为，口语不好，主要有两个原因：一是胆子小，不敢说；二是发音不准，说出来别人也听不清楚。喊英语，能练胆子；含石子，能练发音。就这样，李阳坚持不懈地练习口语，风雨无阻。遇见熟人，也不怕别人耻笑，即使别人骂他疯子，他也不在乎。

功夫不负有心人，奇迹出现了，三个月后，李阳不仅能流利地回答出英语老师的问题，甚至还为老师纠正部分错误的发音。时至今天，"李阳疯狂英语"成了英语学习产品当中最响亮的一句口号。

命运往往就是这么奇怪，它在赐予一个人成功之前，大都要设置下一道道屏障，来考验一个人的毅力与勇气。因此，那些怯懦者，只能在失望和抱怨之中走过一生。而只有那些知难而进、勇于和厄运搏击的人，才能最终品尝到命运之神的精美馈赠。

在很多时候，一个人在成功路上的最大障碍恰恰就是自己。因而，你应该努力学会清除前进路上的荆棘。自私自利、贪图安逸、傲慢无礼等都是阻止自己前进脚步的障碍；怯懦、怀疑和恐惧则是自己最大的敌人。所以，你要时时警惕自己身上的弱点，拥有了征服自己的勇气，就会克服一切困难。

人生最强大的敌人就是自己，最大的挑战就是挑战自我。

自信方能自强。只有自信，才能做到知难而进，才能有临渊不惊、临危不惧的英雄本色。很难相信一个连自己都不敢肯定的人能够得到别人的认可，只有真正相信自己，才能够得到别人的信任，也才能够创造出自己事业上的奇迹。

第八章

乐观面对眼前生活，跨越了坎坷才能迎来生命的惊喜

对命运不屈服，就能赢得好运的青睐

生活中，常常有人抱怨自己"倒霉"，说自己运气很差。其实，所有的事情都可以归结于运气，那么，运气又是由什么决定的呢？如果我们把一切灾难和不顺利都归结于运气，然后就不再思考深层的原因，那么问题到这里就会戛然而止，从此陷入死循环，无法继续探讨下去。只有找明运气不好的原因，我们才能找到改变命运的方法。生命的哲学，恰恰在于这里。把命运的波折归结于运气不好的人，是悲观消极的。他们以命运为借口，推脱自己的责任。相反，只有积极探寻命运真相的人，才是积极乐观的。他们对于命运从不屈服，他们相信自己可以凭借努力和毅力，改变厄运，迎来好运。事实的确如此。从某种意义上来说，人们是否幸运完全取决于自己的态度。假如人遇到难题的时候总是悲观失望，哪怕事情明明没有那么糟糕，他们也唉声叹气，放弃努力。如此一来，如何能找到扭转命运的契机呢？相反，有些人总是会受到好运的青睐，不管做什么事情，都非常顺利，即使遇到困难，也会有贵人相助或者找到很好的解决办法。这些人，并非真的是有如神助，而是因

第八章
乐观面对眼前生活，跨越了坎坷才能迎来生命的惊喜

为他们的人生态度决定了他们在面对困难的时候总是积极乐观地寻求解决办法，从不甘于放弃，更不甘于接受命运的摆弄。所以，他们总是能够赢得好运的青睐，在不屈的抗争过程中享受柳暗花明又一村的惊喜。

有一对老夫妇特别贫穷，眼看着无法继续维持生计，他们决定把家里唯一值钱的东西———一匹马，拉到集市上卖掉，换些生活日用品。就这样，老头清早就起床牵着马赶往集市。路上，他遇到一个人牵着一头母牛，因此用马换了母牛。他高兴地想："母牛好，可以下小牛，还可以喝牛奶。"后来，他走着走着，又遇到一头羊。老头毫不犹豫地用母牛换了羊，因为羊不用吃粮食，只要吃草就行了。后来，老头有用羊换了一头肥鹅，他兴奋地想："这下好了，老太婆可以做烧鹅了。烧鹅香喷喷的，一定很好吃。"

然而，一路走回家，老头又用肥鹅换了母鸡，因为母鸡可以下蛋，之后又换了一筐子烂苹果，因为苹果不但可以做苹果酒，还可以做苹果酱，用来抹面包。老头背着苹果走啊走啊，虽然他迫不及待地想要回家把苹果交给老太婆，但是他实在太累了，于是走进一家小酒馆休息。在闲聊中，两个英国人听说老头用一匹马换了一筐烂苹果，不由得哈哈大笑起来，说他回家之后肯定会被老太婆狠狠地骂一顿，甚至还会被揍一顿。不

想，老头坚定不移地说："不会的，看到我背回家的苹果，老太婆一定会非常高兴。"如此争辩来争辩去，英国人决定合伙拿出一袋金币，和老头打个赌。就这样，老头拎着一筐苹果，带着两个英国人回到家里。他顾不上招待客人，就开始兴奋地向老太婆讲述赶集的经过。果然，老太婆毫不生气，随着老头子的讲述，她不时高兴地说："哦，我们有牛奶喝了。""羊奶也不错，还不用吃粮食。""鹅蛋的味道一定很好，还可以吃烧鹅！""天啊，每天都有鸡蛋吃，多么幸福啊！""哦，我们今天晚上就能吃苹果馅饼！"就这样，两个英国人输掉了一袋金币，却吃了一顿美味的苹果馅饼。

不知道内情的人，当听说老头因为一筐烂苹果而赚得一袋子金币的时候，一定会说他非常幸运。然而，当知道真相之后，他们会不会因为老头的做法而埋怨他的愚蠢呢？用一匹马换了一筐烂苹果。归根结底，这对贫穷的夫妇之所以幸运地得到一袋子金币，是因为他们的心态非常乐观，没有因为一匹马的损失而感到失落，甚至爆发争吵。如果我们也能像这对老夫妇一样乐观地面对生活，不因为一匹马而破坏生活的乐趣，而是顺势地享受一顿美味的苹果馅饼，那么我们也会得到更多的快乐，当然也会同时拥有更多的好运。

根据心理学家研究显示，现实的乐观主义者更容易结交好运，获得成功，收获快乐。既然如此，我们何不做一个乐观主义者呢？要相信，当你变得快乐，好运也会接踵而至！

摆正心态，没有打不倒的困难

常言道，世上无难事，只怕有心人。即使火焰山那么烈焰灼天，孙悟空还是借来了铁扇公主的芭蕉扇，顺利翻山越岭。在生活中，每个人都应该是七十二变的孙悟空。即使遇到千难万险，也始终能够不忘初心，不离不弃地陪伴师傅到西天取经。我们每个人也有自己的目标，在人生路上，正是这目标，不断指引我们前进，奋发进取。在生活中，常常有些人一遇到困难就会产生强烈的畏难情绪，根本不知道如何应对。其实，兵来将挡，水来土掩。不管遇到怎样的困难，只要我们摆正心态，正面面对，困难总会像弹簧一样的。

从本质上来说，人生就是攀登的过程。我们经过努力，爬上一个顶峰，然而，很快又会有更高海拔的山峰在等着我们。如果遇到困难就放弃，那么我们永远也无法抵达成功的顶峰。在遇到看似不可逾越的困难时，一定不要急于否定自己。俗话说，条条大路通罗马。每个人只要用心思考，即使这条路走不通，也会有其他的路能够到达目的地。重要的是，我们应该心中怀有希望，这样才能坚持不懈地努力。生命不息，奋斗不止，任何人的人生要想不断进取，就要如此坚持不懈，持之以恒。

大学毕业后，静静的生活几乎陷入了谷底。刚开始的时候，她去了乡镇的一所初中学校当老师，虽然日子枯燥乏味，但是还好有孩子们相伴，倒也能熬得过去。然而，农村家长真的是有很多人都不明事理，有一次，静静把孩子留在学校辅导作业，家长就怒气冲冲地找上门来，把她狠狠地说了一顿。从那以后，静静在教学上的心气儿就低了。如果自己的付出得不到家长的接纳，自己起早贪黑的还有什么意思呢？她渐渐动了辞职的心思。没过多久，同学给她介绍了一个男朋友，在上海工作。虽然工作算不上高大上，只是个工程监理，但是静静依然同意了。毕竟，一旦结婚，她就可以理所当然地离开这个穷乡僻壤。为了改变命运，虽然对那个男生没有深刻感情，静静还是按照老家的习俗在见面彼此不讨厌之后，迅速结婚。

结婚之后，静静如愿以偿地跟随爱人来到上海。虽然是媒妁之言，但是她还是一心一意地想把生活经营好。太仓促的婚姻总是会留下很多遗憾，没过多久，静静就发现她的爱人其实还和前女友有联系。为此，他们三天一小吵，五天一大吵，最终，他们离婚了。看着自己在一年前还有稳定的工作，还是

第八章
乐观面对眼前生活，跨越了坎坷才能迎来生命的惊喜

自由的女孩，如今不但辞职了没有工作，而且还变成了离婚的女人，静静不由得黯然泪下。然而，无论怎么发愁，生活终究要继续往前奔。静静找了一份销售的工作，虽然很辛苦，但是付出终究有回报。几个月之后，静静就有了销售业绩，拿到了生平第一笔巨额提成，八千多块钱。虽然金钱不是万能的，但是没有金钱是万万不能的日子让静静从高工资上看到了希望。她更加努力地工作，想要凭借自己的勤奋在上海立足。归根结底，静静不想再回到家乡，接受人们的同情和怜悯。艰难的日子只维持了两年多，静静居然凭借良好的销售业绩升任主管了。后来，她在上海买了房子，还把父母也接到身边。因为静静的勤奋和努力以及自强不息的精神，在知道静静的遭遇后，李强毫不犹豫地爱上了她，完全接纳了她的过去。如今，静静毫无疑问是人生赢家，在上海安居乐业，事业有成。

在最低谷的时候，静静一定觉得自己前途迷茫，毫无希望。然而，她唯一能做的就是努力活下来。只要活着，就有希望。静静肯定从未想过自己能挣那么多钱，然而，她借助于结婚的契机来到上海，却找到了人生的舞台。这就是命运的奇妙之处。

生活中的你们是否也曾有过这样的时刻，觉得自己的生活万分艰难，简直无以为继。这种情况下，千万不要伤心绝望，

更不要因此而放弃自己的人生。只要你心存希望，勇敢又坚强地活着，命运就一定会赐予你惊喜，给你意想不到的回报。

矛盾永远存在，逃避无法解决问题

很多人都害怕自己陷入矛盾之中，的确，每个人都喜欢在和谐融洽的环境中生活和工作。一旦发生矛盾，就会让我们陷入流言蜚语的中心，甚至还会花费我们很多的精力去解决矛盾。尤其是当被流言蜚语纠缠的时候，那些莫须有的罪名更是让我们伤透了脑筋。然而，无论我们多么讨厌这些事情，矛盾总是不期而至，搅乱我们的生活。这是无法避免的。

但丁曾经说过，走自己的路，让别人说去吧。同样的道理，做事情也应该但求问心无愧，不用过多在乎别人怎么想怎么说。关于人世间的一切，每个人心里都有自己的评判标准。例如，有些人觉得自己长得很漂亮，却是别人眼中的丑八怪；有些人觉得自己特别聪明，却是别人眼中的笨蛋。做事情也是如此，明明我们已经竭尽所能，却依然无法让身边的人统统竖起大拇指。简而言之，一个人无论怎么努力，也不可能让所有人都满意，既然如此，我们为什么还做无用功呢？而且，我们

第八章
乐观面对眼前生活，跨越了坎坷才能迎来生命的惊喜

也不可能讨得所有人的欢心。那么，就让不高兴的人自己生气去吧，我们只需要做好自己。

家婷大学毕业后，进入一家二手房经纪公司工作。她非常勤奋而又努力，想依靠自己的能力赚取事业的成功。事实的确如此，虽然她刚刚大学毕业，没有丰富的工作经验，但是却凭着真诚地为客户业主服务，居然在短短的三个月内，就成功地卖出两套房子。这使她非常兴奋。

然而，她的成功让她曾经的好朋友、现在的同事陶陶感到很妒忌。为此，从未卖出房子的陶陶甚至生气地不再理家婷。刚刚到单位报到的时候，她们合租了一套房子，睡在一张床上。现在，陶陶每天都冷眼对待家婷，让家婷觉得万分郁闷。为了缓和与陶陶的关系，家婷开单之后主动请陶陶吃饭，让陶陶想吃什么就点什么。她还主动承担了水电费，照顾陶陶收入没有她高。即便如此，陶陶依然对家婷冷眼相待。在卖出第三套房子的时候，家婷既高兴又担心。她说："我要开单了，心里很高兴。但是一想到陶陶的样子，我就高兴不起来了。"想到这里，她甚至想辞掉工作。一个偶然的机会，她把自己的烦恼告诉了师姐，师姐不以为然地说："这算什么事啊！你因为别人嫉妒你，你就放着好好的工作不干，辞职，这不是傻子才会干的事情嘛！等你到了新单位，如果还有人嫉妒你，你继续

辞职吗？同事之间有竞争关系，总会有矛盾的。你必须正面对待。"在师姐的启发下，家婷意识到自己的确不能逃避，否则，就会永远逃避。她开诚布公地和陶陶认真地谈了谈，并且表示自己会竭尽所能地帮助陶陶。看到家婷如此真诚，陶陶也释然了。她说："家婷，我就是看到你工作有进展，自己却止步不前，所以很着急。放心吧，咱们还是好朋友！"

勇敢面对，帮助家婷解决了纠结她很长时间的问题。师姐说得很对，不管是在生活中还是在工作中，矛盾永远都会存在，而逃避不能从根本上解决问题。可以说，各种各样的矛盾会始终伴随我们的生活，如影随形。既然如此，只有坦然面对，才能彻底解决问题。

生活中有各种各样的苦恼，正是苦恼伴随快乐，我们才能拥有酸甜苦辣咸五味俱全的人生。只有坦然拥抱生活赐予我们的一切，我们才能成为生活的主人，主宰自己的命运。

调整好心态，善于将不利转化为有利

人生是一场旅行，我们用双脚丈量生命的长度和宽度。在漫长而又艰苦的行程中，我们时而遇到荆棘，刺破衣衫；时而遇到坎坷和泥泞，阻断行程。有的时候，我们还会无意间因为绊脚石摔个大跟头，摔得鼻青脸肿。每当这个时候，我们是因此而放弃行程，改道前行，还是继续一往无前呢？其实，也许恰恰因为这次摔倒，我们才会注意到路边美丽的野花，才会发现原来荆棘里长满果实，才会留意到自己因为步履匆匆忽略了旅程中的美好精致。也有可能，这块绊倒你的石头，反而能够帮助你摘到高高悬挂在树枝上的果实，让你美美地饱餐一顿呢！总而言之，凡事都有两面性。很多时候，看似给我们带来障碍的事情，也许因为换个角度来看，就变成了对我们有帮助的事情。一切，都取决于你看待问题的角度和心态。由此看来，只要调整好心态，我们就能坦然面对生活中的困境和得失，尽可能地把不利转化为有利。

在现代社会的职场上，年轻人常常遭遇职业发展的绊脚石。究其原因，很多年轻人或者因为学历的局限，或者因为人际关系的阻碍，使得自己的发展受到限制。每当遇到这种情况，积极乐观的年轻人会谋求更好的发展，把绊脚石当成是人生的跳板。反之，如果遇到困难就举步不前，只会让人生更加失望落魄，遭遇瓶颈。把绊脚石当成人生的跳板，是一种生存的智慧。必须洞察现实的情况，给自己的未来以理智和乐观的规划，才能做到华丽的转变。

2012年3月，澳大利亚的沃加沃发生了洪水。转眼之间，肆虐的洪水就淹没了一切，夺走了无数人的生命。惊慌之余，人们纷纷撤离，包括那些动物，也四下逃散。然而，让人们感到奇怪的是，蜘蛛并没有在洪水面前退却。难道蜘蛛不怕洪水和死亡吗？答案当然是否定的。在生命的危难时刻，大量的蜘蛛都在灌木丛中结网，使得灌木丛变得像网络的世界。蜘蛛为什么要在洪水肆虐的时候进行如此浩大的工程呢？当洪水退去，人们开始研究这些蜘蛛网。众所周知，蜘蛛结网原本是为了捕食。显然，这些在洪水到来之际仓促织好的巨网并非为了捕食。那么，在洪水之中的蜘蛛网有何作用呢？

经过研究，昆虫学家发现了其中的奥秘。原来，织网的是片网蜘蛛和狼蜘蛛，它们分别属于皿蛛科和狼蛛科。它们织的网并不会对人类的生命安全造成威胁，而只是为了帮助它们在洪水到来的时候分散逃生。这巨大的网络就像是一张蹦床，成为蜘蛛逃生的"生命跳板"。正是因为有了这张网的阻碍，蜘蛛们才不会在洪水到来的时候被冲走，更因为可以附着于网络之下，它们不会被淹死。随着洪水水位的上升，蜘蛛网的高度也随之增加。除此之外，蜘蛛网不但可以帮助蜘蛛捕捉食物，同时也是蜘蛛的食物，当织好的蜘蛛网无法抵御洪水的高度，它们就会吃掉蜘蛛网，再不断向上织出新网。如此充满智慧的行为，让蜘蛛可以坦然面对洪水，获得生存的机会。

小娜大学毕业后，进入一家公司工作。然而，没过几年，就在她的工作发展得比较稳定时，公司突然因为结构调整，要裁员，裁员的标准就是学历。小娜是大专毕业，虽然在工作上一切表现良好，却因为没有本科学历，即将面临被裁员的危险。思来想去，小娜也觉得自己的学历的确不高。为了改变现状，她利用工作之余的时间开始废寝忘食地学习，努力争取考上研究生。经过一段时间的努力，凭借上学时扎实的知识功底，小娜顺利考入一所重点院校的研究生院。在裁员名单确定公布的时候，已经接到研究生录取通知书的小娜原本做好准备被裁员，不承想，裁员名单里并没有她。小娜不解，主管告诉她："原本，你的确在公司的裁员之列。不过，总经理知道你考上了研究生，而且专业和我们公司的经营方向很对口。所以，他让我转告你，你尽可以放心去读书，学成之后，公司的大门随时向你敞开。如果你现在就愿意和公司签订合同，确定毕业之后回到公司工作。那么，公司还会给予你公费读研的待遇，不但支付你读研的所有费用，还会每个月发给你基本工资作为生活保障。"听到这个好消息，小娜兴奋不已。

经过一番慎重考虑，她和公司签订了劳务合同，约定学成之后回到公司。如此一来，不但学费不再困扰她，她还可以一边读书一边挣工资呢！

虽然蜘蛛非常弱小，但是它们生存的智慧却值得人类借鉴。的确，人生需要一个跳板，很多时候，那些绊脚石就是我们的跳板。也许因为绊脚石的存在，我们暂时减慢了前进的脚步，但是正是因为绊脚石的存在，才让我们能够停下来重新审视自己，寻得更好的机遇。在第二个事例中，小娜知道公司即将因为结构重组裁员，不但没有自艾自怜，反而先发制人，努力考上了研究生。原本，她面临失业的困难，现在不但可以公费读研，还可以每月照常领取工资。如此说来，小娜也算是因祸得福了。

少年们，当你们也面对人生的绊脚石时，千万不要因此而沮丧绝望。要知道，机遇与挑战总是并存的。只有勇敢地面对挑战，充满智慧地面对绊脚石，我们才能为自己找到更好的发展机遇，为人生开辟新天地。

不要埋怨生活的不幸，它会让你更加成熟

如果你没有得到所谓的幸运，不要埋怨生活的不幸，请记住，上帝的延迟，并不等于上帝的拒绝，反而他是在等待你更

第八章
乐观面对眼前生活，跨越了坎坷才能迎来生命的惊喜

加成熟。

在成功的路上慨叹命运不济，抱怨上帝不公，是很多人看到别人在努力后大有所成，自己却一再跌倒后的一种心态。且不说它的利弊，事实真是你不走运吗？

有两个从小一起长大的亲兄弟，他们决定一起去挖金矿，开始时，他们都抱有坚定的信念——不挖出金子决不放弃。从黎明到黄昏，又从黄昏到黎明，多少个日日夜夜后，他们依然没有见到金子的光亮。手磨出了血，脚磨出了泡，抱怨和苦闷时常充斥在他们的对话中。所不同的是，哥哥在抱怨几句，舒缓了情绪后，能够让自己更冷静地思考，随后继续挖着梦想中的金子。而弟弟的士气则越来越低落，脚下的坑显得很难再往深挖掘一尺。这天，一个商队经过，说是山那头有人挖出了石油。这时弟弟再也按捺不住了，说这里哪有什么金子啊，不干了，到山那头采石油去！而哥哥什么也没说，继续埋头干他的活儿。

几天之后，可怜的弟弟灰头土脸地回来了，他并没有发现石油，他的放弃使他又一次两手空空。当他到达驻地时，已经是深夜两点，在帐篷微弱的灯光下，似乎有一种异样的、刺眼的光芒在闪烁。他走进里面，哥哥正捧着金子甜甜地酣睡。很多人都明白，生活就是一次淘金赛，有时需要一点运气，但更

多的还是要靠自己的选择。执着坚持、努力思考、勤奋进取，这些被诠释了无数遍的成功因素在最为朴实的生活追求中，仍没有几个人能够完全具备。

关于成功与失败的相似的故事似乎并不少见，每次读完，我们也总能清晰地悟出其中的道理，可到了自己成为故事的主角时，又是那么的沉不住气，那么的心急成功的到来。但最终每每都落个失败、失望的下场，像故事中的弟弟一样慨叹和抱怨。为什么我们如此渴望而偏偏不曾拥有？用中国的古话来说是时机未到，也许西方的这句谚语可以给予更多的警示：上帝的延迟，并不等于上帝的拒绝。

面对同样的一件事情，不能坚守，不会选择，不懂思考，便不会有所成就。很多人在本该放手一搏的时候却犹豫彷徨。不愿意再试一下，不想再付出看似多余的努力，而去贸然地选择一条看似明智的路，最终的结果只是一再地变换自己的目的地，就连上帝也被你弄得晕头转向，不知道该把金子放在哪里。

在一个古老的小镇上，一位老爷爷开了一个家具店。爷爷曾经是木匠，因此，店里的家具基本上都是他自己打造的。当时，镇上有几家家具店，但没有一家生意比这家店更好。其实，每个家具店的品种和款式都差不多。孙子禁不住问爷

第八章
乐观面对眼前生活，跨越了坎坷才能迎来生命的惊喜

爷：“为什么集镇的人都买我们店的家具，都说我们店的家具好呢？”爷爷神秘地笑了笑，说：“明天就带你去找答案。”第二天一大早，天刚蒙蒙亮，爷爷就把孙子从床上叫起来。他早就套好了牛车，带好了钢锯。孙子知道，爷爷要带他去山里伐木材。走了十多公里的路，他们终于来到大山脚下。要说是山，其实并不高。爷爷把牛车拴在了山脚下，拉着孙子的手一直往山顶攀。孙子好奇地问爷爷："山脚下那么多树可伐，为什么要费这么大力气爬到山顶上去？"爷爷笑了笑，用手指了指旁边几棵树说："你抱抱，看它们究竟有多粗。"那年孙子才七八岁，根本不明白爷爷的用意，但还是伸出双手，一连抱了好几棵。他发现，这几棵树中，即使最粗的一棵，他双手环抱都有富余。攀上山顶，爷爷又指了指旁边几棵树让孙子抱，这里的每棵树用双手都抱不过来。这时他才明白，山顶的树比山脚的树要粗壮。

"山顶的树不仅粗壮，而且密实，用它们来打家具，非常牢固。"爷爷一边锯树，一边解释道。"同样一种树，为什么山顶的粗壮，山脚下的细小呢？"孙子打破沙锅问到底，爷爷停下手中的活，揩了揩额角上的汗珠，指了指山北方向，问："你看，山北边有什么？"孙子顺着爷爷手指的方向看了看，眼前一片空旷，极目远眺，好像是天的尽头。于是摇头回答

说:"什么都没有啊!"爷爷很肯定地接过话茬:"有,而且很大,那是从遥远的北方刮来的风和西伯利亚的寒潮。"爷爷一手叉腰,一手远指,犹如一位哲学家。"这和风与寒潮有什么关系呢?"孙子大惑不解。

"当然有关系,长年经历风吹雨打的树木,生命力极强,根系特别发达,那么它从泥土中吸取的养分就充足,因此,长得也特别粗壮。"说着,爷爷转过身指了指山南的山脚,继续说道:"你再看看那些树,背后有大山抵御风和寒潮,很少受自然界侵袭,从树枝到根系都得不到锻炼,长得也就瘦小脆弱。若用它们来打造家具,不仅易折易裂,而且易受蛀虫侵蚀。"听完爷爷的讲解,孙子恍然大悟。于是,他在山顶英雄般地立下豪言壮语:"我长大了一定要做山顶上的大树。"爷爷听后,摸摸他的头,爽朗地笑了。

每一个懂得善待自己的人,在追求幸福生活的同时,都不会主动逃避成长道路上的艰辛。善待自己,并不是给人生以诸多的安逸,而应及时提升人生的张力。就如那些优质的木材总是生长在高山之上一样,推动自己不断高攀的人,他们把自己摆在不断经受历练的轨迹上,他们渴望幸福,但更渴望在快速成熟的路上饱览更多精彩的风景。

朋友,请记住那句经典的歌词:"不经历风雨,怎么见彩虹，没有人能够随随便便成功……"也许此时的你正处于人生的低谷，然而，这也正是你聚集力量的时刻。增强自己的韧性，善待自己的处境，你会发现，你将一步步推动自己走向人生的高峰。

第九章

命运躲在努力中,让自己强大才有能力掌控命运

你的价值应该体现在你成长的过程之中

在茂盛的森林里，有一棵梨树。这棵梨树是一个小男孩扔下的梨核长出来的。经过好几年的成长，它才在今年结了十个梨子。路过的人看到树上的梨子欣喜万分，爬到树干上摘走了九个梨子。梨树愤愤不平地想：我辛苦了一年才结出十个梨子，就被别人摘走了几个，只剩下一个梨子。第二年，它不再卖力结果，只结了五个梨子。路过的人又看到梨子，高兴地摘走了四个。如此一来，梨树依然只剩下一个梨子。但是它很高兴地想："去年，我剩下百分之十的果实，今年，我剩下百分之二十的果实。"第三年，梨树只结了一个梨子，又小又青涩，根本没人愿意爬到树上去摘。梨树欣慰地想："我终于拥有了百分之百的果实！"正当它这么想的时候，砍柴人来到树下，自言自语道："其他的树木都长得郁郁葱葱，这棵梨树却只结了一个小小的梨子，还不如砍去烧火呢！"就这样，瘦弱的梨树被砍柴人几斧头就砍倒了。梨树懊悔不已，恨自己为什么不多结一些梨子呢！

实际上，梨树完全可以选择在第二年的时候结出更多的梨

第九章
命运躲在努力中，让自己强大才有能力掌控命运

子。即使被人拿走百分之九十，它也能剩下更多的果实。遗憾的是，它的选择方向完全错了。因为放弃了成长，它最终被当成不能结果的梨树，失去了存在的价值，变成了烧火的木柴。在这件事情中，重要的是梨树是否在成长。我们存在于社会上也是同样的道理，我们可以不必一步到位地获得成功，但是我们必须持续地成长。只有成长，才能使我们变得更加茁壮，更好地体现自身的价值。生活中的人们，扪心自问：你是否也像梨树一样，因为自己的付出得不到相应的回报，就牢骚满腹。其实，这种现象在职场中非常普遍。很多年轻人心高气盛，刚刚工作的时候满怀热情，恨不得投入自己所有的时间和精力。然而，当工作做出了成果，领导们却只是简单地进行口头的表扬，甚至根本都没有注意到。这个时候，我们就会觉得自己的付出完全不值得，恨不得再也不给公司做出任何贡献。

殊不知，在你不再付出的同时，公司也看不到你的成长，那么留着你这样一棵幼苗还有什么用处呢？很多用人单位都不喜欢聘用应届大学毕业生，是因为他们往往心比天高，能力有限，经验匮乏。公司在聘用应届毕业生的前几年时间里，其实是在帮助他们带薪培训，让他们提升能力，把书本上的知识和实际工作结合起来，增加经验。对于这样的投入，假如看不到年轻人成长的迹象，公司就会当机立断，不再聘用。由此看

来，当很多年轻人怨声载道的同时，其实是在得到公司的包容和耐心。所以，任何人，永远都不要停下成长的脚步。大多数情况下，你的价值就体现在你成长的过程之中。

刚刚从象牙塔里出来，步入工作的林楠心气非常高。进入公司之后，虽然他只是小小的职员，但是基本每天都是早早到公司，下班很久才离开。林楠想在进入公司之初就给领导留下好印象，也为自己的未来职业发展铺平道路。

如此坚持了一年多之后，在年终奖励上，领导提到了很多对公司有特殊贡献或者在工作上表现良好的职员，唯独没有提到林楠的名字。看着平日里迟到早退的同事都榜上有名，林楠心里很不服气。春节过后，林楠在工作上的表现明显有了很大的退步。他心中暗暗地想：既然我费尽心思地在工作上表现出色，却得不到认可，那么我不如混日子，也不至于挨批评。就这样，林楠在职业生涯上完全荒废了一年。他每天都抱着当一天和尚撞一天钟的心态，一年之中再也没有突出的表现。

到了年底的时候，人事部的经理通知他过完春节无须回公司报到了，因为他被领导钦点炒了鱿鱼。虽然林楠每天都在混日子，却从未想过自己真的会被炒鱿鱼。得到通知后，他发微信问领导："领导，很多人都迟到早退混日子，为什么你不辞退他们？"领导不动声色地回复他："你还没有迟到早退的资本，就已经放弃了成长。"也许很多时候都要失去了才懂得珍惜，林楠心中懊悔不已，如果再给他一次机会，他一定会努力工作，不管别人怎么做，都竭力提升自己。

在上述事例中，林楠和梨树犯了相同的毛病。他只是因为心里不平衡，就放弃了努力，让自己不再成长。在职场上，的确有很多人自以为是，觉得地球离了他就不转了。其实，地球离了谁都照样转，每个人都远远没有自己想象得那么重要。与其自己把自己淘汰了，不如利用公司的平台努力提升自己，让自己更加快速地成长、成熟起来，这样才算真正具备与公司斡旋的资本。

很多时候，我们看到别人悠闲地工作，享有很多特权，却不知道他们在很早之前就已经付出了加倍的努力。无论如何，与其羡慕别人的悠然自得，不如自己抓紧时间努力，也好争取早日开花结果。

你不主动进取，就会被淘汰

一个人无论在顺境还是在逆境中，不断地自我完善和充电是其能够给生活、事业打开新局面的绝佳方法。

一个人的成长,是伴随他一生的。即使是身体技能开始衰竭的时候,对大脑的投资也不应停止。我们的生活就像一辆不断提速的火车,飞快地向前行驶,而根据牛顿经典力学第一定律的原理,坐在车中的我们,如果不同步提高自己的速度,在某个大转弯处,就会在惯性的作用下狠狠向后退,甚至被甩下。当你被甩下之后,你才会发现自己的知识结构已经跟不上时代的发展,那时再想弥补,但迫于生活的压力,困难将比现在逐渐给自己充电要大得多。

现实生活中,生活的压力有多大,竞争到底意味着什么,初入职场的年轻人也许认识不清,但有几年工作经验的朋友则会对压力与竞争深有感触。有这样一则流传于职场的故事:夜幕下的草原上,一头狮子在沉思:当明天的太阳升起,我要拼命地奔跑,追上跑得最快的那只羚羊;与此同时,一只羚羊也在思考,当明天的太阳升起,我要拼命地奔跑,逃脱跑得最快的那只狮子的追赶。

在目前这个经济社会下,一旦投身其中,无论你是狮子还是羚羊,当太阳升起,你要做的就是奔跑。每个人都有一定程度的危机感,而消除这种危机感的唯一途径就是提高自身的文化素质。

吴孟达是如今香港影坛大腕级的喜剧演员,他最初入行

第九章
命运躲在努力中，让自己强大才有能力掌控命运

完全是为了养家糊口，把演戏当作一个纯粹的工作，从来不知道表演是什么。而演艺圈是一个浮躁的地方，他在出演了一些角色后，收入渐渐好起来便开始敷衍了事，机械地说台词、走位，收工后就同一帮朋友去通宵喝酒，久而久之，恶性循环，每天拍戏也会迟到，加上他的演出，用导演的话说完全没有灵魂，也就是没有个人特色和内涵，慢慢地，没有人再找他演戏，他的事业步入低谷，遭遇人生的滑铁卢，日常生活都变得窘迫起来。

可就是在这段最灰暗的岁月里，他开始重新审视自己和自己的职业，开始看表演方面的书籍，揣摩笑有多少种笑，哭有多少种哭。终于，当他再次有了演出机会，他的厚积薄发，终于没有辜负他的付出，在电影《天若有情》里饰演了一个唯唯诺诺，后来反戈一击的小混混，搞笑而悲凉，一鸣惊人，夺得了当年香港金像奖最佳男配角奖。同样，在早期的港台电视剧、电影中，今天的喜剧巨星周星驰常常是一个御用龙套，他从龙套起家，后来成为香港最善于捧红龙套的导演，而亚洲最好的"龙套"传记片就是他的《喜剧之王》。吴孟达和周星驰结识时，两人年龄相差一轮，但一样郁郁不得志，当时两人都比较落魄，住处又只隔一条马路，因此常常聚在一起探讨剧本。吴孟达说："我们住的地方之间有一家美国餐厅，24小时

营业，当年接到《他来自江湖》的剧本，我们就常到那里坐在一起研究台词、研究表演。"正是在这样的不断钻研中，最后两人都形成了一种独特的"无厘头"表演，周星驰更成为一代喜剧大师。

从周星驰与吴孟达的成名经历中，我们不难体会为自己的事业不断奋斗的精神，更为重要的是，他们及时地认识到自己在表演上的不足，积极地看书学习，相互交流，在充实大脑、充实知识的过程中，水到渠成地走向了他们事业的巅峰。

因此，我们要相信，一个人无论在顺境还是在逆境中，不断地自我完善和充电是一个能够给生活、事业打开新局面的绝佳方法。行动起来吧少年们，还等什么，每当你多学会一样技能，多提高一种能力，你就在成功的道路上更前进了一步。

逼自己一把，才知道自己多优秀

张颖是一个非常优秀的学生。在学校，她几乎是"全优生"——每次考试全校总分第一，各单科第一；参加全校运动会，她是长跑组的第一；参加唱歌比赛，她是全校第一。总之，在学校，提起张颖的名字，其他的同学都知道她是"第一"。

但是，进入高二后，张颖却变得闷闷不乐起来，而且学习成绩也直线下降，不仅拿不到各单科第一，连总分第一也拱手让给了别人。她越来越烦躁。脾气越来越坏……

后来，班主任发现了其中的秘密——原来，张颖长期"第一"后，自尊心膨胀，便力争事事第一，一旦看到"本属于自己的第一"被别人夺走后，便会谴责自己，便会日夜加班去追赶。结果，由于休息得不到保障，她失去"第一"的次数越来越多，情绪不好的时候也越来越多，内心也越来越痛苦。

有一天早上，张颖第一个到校，走到教室门口时，另一个同学冲上来，抢着去开门，说："我今天做回第一！让我尝尝开教室门的滋味儿！"

不容分说，那个同学抢先打开了教室门，并冲了进去，然后回头冲着张颖得意地笑。她的光芒顿时隐去，她的心隐隐发痛。张颖忍住泪水，脱口说一句："第一是我的，你怎么可以……"

那个同学向张颖做了一个鬼脸，说："干吗老占着第一，让我也尝尝第一的滋味儿……"

事事争第一的张颖此时恨不得从地缝钻下去，因为自己的第一被别人强行抢走了。

事后,班主任老师找到张颖,跟她说道:"张颖,我知道你现在的情况,因为成绩一直是第一,所以感觉如果稍微有一点变动就会接受不了。争取'第一'说明你的上进心比较强,但是你不能永远被'第一'给牵制住。我们要尽全力让自己变得优秀,但是人人不能保证自己永远第一,我们不能在成绩起伏的时候迷失了自己。我们改变不了别人,无法阻止他人的前进,但是我们要做的就是不断完善自己,超越自己。成绩优秀时不骄不躁,成绩下降时积累经验,这样才能健康地成长。"

张颖听到老师的话感觉非常受益,从此她再也不因此而烦恼,而是以一颗平常心去面对,尽最大努力改变自己,超越自己,变得更加开朗,成绩也仍旧那么优秀。

是啊,我们改变不了这个世界,但是我们能改变自己,我们可以让自己变得更加优秀。只有看到自己的缺点和不足,能够正视自己,那么我们才能更好地完善自己。

约翰·戈达德是美国洛杉矶郊区一个没见过世面的孩子,他15岁时就把自己一生想干的大事列了一个表,题名为"一生的志愿"。表上列着:"到尼罗河、亚马逊河和刚果河探险,登上珠穆朗玛峰、乞力马扎罗山和麦特荷恩山,驾驭大象、骆驼、驼鸟和野马,探访马可波罗和亚历山大一世走过的道路,主演一部《人猿泰山》那样的电影，驾驶飞行器起飞降落，读完莎士比亚、柏拉图和亚里士多德的著作，谱一部乐曲，写一本书，游览全世界的每一个国家，结婚生孩子，参观月球……"他还给每一项都编了号，一共有127个目标。

到目前为止，戈达德已经完成了127个目标中的106个。在实现自己目标的过程中，他历经艰辛，多次冒险，有过18次死里逃生的经历。他曾对别人说："这些经历教我学会了百倍地珍惜生活，凡是我能做的我都想尝试，人们往往活了一辈子却从未表现出巨大的勇气、力量和耐力。但是我发现当你想到自己快要完了的时候，你会突然产生惊人的力量和控制力，而过去你做梦也没想到过自己体内竟蕴藏着这样巨大的能力。当你这样经历过之后，你会觉得自己的灵魂都升到另一个境界之中了。"

其实，每个人都蕴含着无限的能量，只是大部分人没有发挥出来而已。你不逼自己一把，真的不知道自己到底有多优秀，所以我们应该像约翰·戈达德一样懂得挑战自己的极限，不断地超越自己，让自己迸发出惊人的力量，这样你才能看到一个全新的自己。每一个自我都必须处于不断的更新之中。经常进行新的自我策划，就可以在不断的成长中脱胎换骨，生命的品质也会在这不断的变化中趋向更高的境界。

不断完善自己，使自己变得不可替代

在生活和工作中要不断完善自己，使自己变得不可替代。让组织离了你就无法正常运转，这样你的地位就会大大提高。

大部分年轻人，在初入职场时都干着微不足道的工作，当着一个小小的螺丝钉，为整个组织机器的运转保驾护航。对于一个庞大的运行体系来说，每一个螺丝钉都具有不同的价值。倘若你被安排在了枢纽环节，你的失误或松懈也许就会造成"千里之堤，溃于蚁穴"的遗憾和悲剧。反之，也只有处于那个位置，才能逐步活出自己的意义，不在被别人蔑视的目光里苟且一生。

每个人在少年时代都有很多理想，要成为指挥千军万马的将军，要成为驾驶宇宙飞船上天的宇航员，很少有人一开始就想到自己要做平凡的工作，要投入平凡的人生。等他们真正进入社会之后，就会明白生活中的琐碎远比激情要多，大多数人还是要伏下身子做事的。

耐不住性子的年轻人，在浮躁心态的作用下、在跳槽心理的作用下，难免会出现"松动"，这是最为可怕的。既要干这份工作，又不专心致志，岂不是白白浪费自己的时间？抬头观察周围的人，同样是一颗"螺丝钉"，但发挥的光和热是不一样的。

能够在平凡的岗位上经受别人不能经受的历练，展现自身强大的价值，你才能逐渐让自己变得不可替代，这样的你，才拥有更上一步、不断高升的资本。

在很久以前，在某个地方建起了一座规模宏大的寺庙。竣工之后，寺庙附近的善男信女们就每天祈求佛祖给他们送来一个最好的雕刻师，好雕刻一尊佛像让大家供奉，于是佛祖就派来了一个擅长雕刻的罗汉幻化成一个雕刻师来到人间。雕刻师在两块已经备好的石料中选了一块质地上乘的石头，开始了工作。

可是，没想到他刚拿起凿子凿了几下，这块石头就喊起痛来。雕刻的罗汉就劝它说："不经过细细雕琢，你将永远都是一块不起眼的石头，还是忍一忍吧。"

可是，等到他的凿子一落到石头身上，那块石头依然哀嚎不已："痛死我了，痛死我了。求求你，饶了我吧！"雕刻师实在忍受不了这块石头的叫嚷，只好停止工作。于是，雕刻师就只好选了另一块质地远不如它的粗糙石头雕琢。虽然这块石头的质地较差，但它因为自己能被雕刻师选中，而从内心感激不已，同时也对自己将被雕成一尊精美的雕像深信不疑。所以，任凭雕刻师的刀琢斧敲，它都以坚韧的毅力默默地承受着。

雕刻师则因为知道这块石头的质地差一些,为了展示自己的艺术,他工作更加卖力,雕琢得更加精细。

不久,一尊肃穆庄严、气魄宏大的佛像赫然立在人们的面前,大家惊叹之余,就把它安放到了神坛上。

这座庙宇的香火非常鼎盛,日夜香烟缭绕,天天人流不息。为了方便日益增加的香客行走,那块怕痛的石头被人们弄去填坑筑路了。由于当初承受不了雕琢之苦,现在只得忍受人来车往、车碾脚踩的痛苦。看到那尊雕刻好的佛像安享人们的顶礼膜拜,第一块石头的内心里总觉得不是滋味。

有一次,它愤愤不平地对正路过此处的佛祖说:"佛祖啊,这太不公平了!您看那块石头的质地比我差得多,如今却享受着人间的礼赞尊崇,而我每天遭受凌辱践踏、日晒雨淋,您为什么要这样偏心啊?"佛祖微微一笑说:"它的资质也许并不如你,但是那块石头的荣耀却是来自一刀一锉的雕琢之痛啊!你既然受不了雕琢之苦,最后只能得到这样的命运!"

同样有机会从一块默默无名的石头成为万人敬仰的佛像,在雕刻自己的这条路上,由于不能承受痛苦,接受打磨,以致最终只能待在平凡的岗位,被众人轻视甚至踩在脚下,这样的下场着实可悲。

第九章
命运躲在努力中，让自己强大才有能力掌控命运

西班牙有位著名的智者在其《智慧书》中告诫人们："在生活和工作中要不断完善自己，使自己变得不可替代，让别人离了你就无法正常运转，这样你的地位就会大大提高。"完善自己就要经受打磨，每个人在步入社会时都会活动于平凡的岗位。"一起毕业的同学，头一两年聚会时没有什么大的变化，大家的处境相差无几；五年之后，十年之后，就有了天壤之别。"一位成功的企业家在成名之后的同学聚会上发表这样的感慨。五年、十年，这期间每个人都在完成着从一个普通的"螺丝钉"到核心员工，甚至到管理者的蜕变。在每一步、每一个岗位的竞争中都努力让自己变得不可替代，你蜕变才具有了强大的加速度。现实生活中，很少有人甘于落后、不求进取，许多人总以为自己已尽其最大的努力同艰辛与苦难做斗争，不断完善自己。实则他们并没有尽其一切的可能去努力。世间许多的沉沦，都是由对客观境遇妥协所造成的，都是由不愿努力、不肯奋斗所造成的。

每个人都是不同的，每个人都是独一无二的，只是有些人尽早发现了这一点，"笨鸟先飞"；而那些一生庸庸碌碌的人，也并非生而平庸，只是在每一次选择完善自己、实现突破时，放松了自己，不愿让上帝的刻刀深深地打磨自己，最终落得原地踏步，仍是一个平凡的"螺丝钉"。

直面竞争，在竞争中提升潜能

竞争是不可避免的，人与人之间的竞争不见得全是坏事。古人有"并逐曰竞，对辩曰争"的说法，意思是说：你追我赶，互相辩论，就叫作竞争。人若不参与竞争，就不够紧张，不会活跃，内心深处的热情就调动不起来，自己的潜能就发挥不出来。可见，古人对于竞争及其作用，已经有了相当的理解。

实际上，在我们的生活、工作以及从事的各项活动中，都存在着各种形式的竞争。谁的工作业绩最突出，谁的演说口才最好，谁的动手能力最强，甚至谁经常受到单位领导的表扬等，都可能形成无形的竞争。因此，我们在生活和工作中应当自觉培养自己的竞争意识和竞争精神。但是在我们的意识里，总是以为竞争就是带着残酷和血腥的，所以，很长时间内只提倡团结合作，而不提倡竞争。其实，列宁就是竞赛和竞争的倡导者，他认为竞赛和竞争可以"在相当广阔的范围内培植进取心、毅力和大胆首创精神"。

一个人在平等的竞争中，能够充分发挥自己的聪明才智，能够极大地发扬自己的创新精神和奋斗精神。因此，竞争可以成为催人上进、促人前进的有效动力。在心理学中，竞争被视

第九章
命运躲在努力中，让自己强大才有能力掌控命运

为能激发一个人自我提高的一种动机和形式。

在非洲的大草原上，生活着一群羚羊和一群狮子。每天清晨，羚羊枕着露水从睡梦中睁开双眼时，它想到的第一件事就是，今天我必须比跑得最快的那只狮子还要快，否则我就会变成狮子嘴中的美餐。而狮子醒来后也同时在想，我今天要想不饿肚子，就必须比跑得最慢的羚羊更快。于是，在这片广袤无垠的大草原上，几乎是同时，羚羊和狮子一跃而起，迎着朝阳跑去。

动物界如此，我们人类又何尝不是这样呢？在机遇和挑战面前人人平等，如果自己不主动去竞争去抗争，迟早也会和跑得慢的羚羊一样，被别人排挤，甚至被别人吃掉。竞争有如抢滩登陆，这个时候你没有退路，要有置之死地而后生的气概。后退，是江洋大海，生还的希望是没有的；前进，道路崎岖，甚至没有道路。崎岖的道路，你得踏平它；没有道路，就开辟一条。这样等待你的就是成功的喜悦和收获的满足。

现实是残酷的，在人生的竞赛场上，冠军只有一个。成功者的背后，总有一些人被击垮、倒下。要想不倒下，你就得抓住、抢占每一个机遇，击垮所谓的对手。机遇之花在竞争之中盛开。当你获得一次竞争，你就获得了一次可贵的机遇。失败了，你可以积累经验，从头再来；成功了，你的信心会更加强

盛，你会感受成功到来的喜悦。这样的事情为什么要拒绝呢？

一种动物如果没有对手，就会变得死气沉沉。同样，一个人如果没有对手，那么他就会甘于平庸，养成惰性，最终导致碌碌无为。一个群体如果没有对手，就会因为相互的依赖而丧失活力、丧失生机。一个行业如果没有了对手，就会丧失进取的意志，就会因为安于现状而逐步走向衰亡。有了对手，才会有危机感，才会有竞争力。有了对手，你便不得不奋发图强，不得不革故鼎新，不得不锐意进取，否则，就只有等着被吞并、被替代、被淘汰。

按照达尔文生物进化论的观点，在自然界中，到处都存在着一种竞争的法则，在这种竞争法则的作用下，这个世界才显得生机勃勃。如果一个物种失去了竞争，这一物种就会失去活力、死气沉沉而陷入灭种的边缘。

在动物界，狼是一种非常聪明的动物，如果让单个狗与单个的狼搏斗，败北的肯定是狗。虽然狗与狼是近亲，它们的体型也难分伯仲，但为什么败北的总是狗呢？有人曾就这问题仔细地对狗与狼进行研究。结果发现，经人类长期豢养的狗，因为不需面临生存的危机，其脑容量大大小于狼；而生长在野外的狼，为了生存，它们的大脑被很好地开发，不但非常有创造性，而且有着异乎寻常的生存智慧。

竞争意识比较强的人，勇于投入竞争，积极从事各项具有竞争性质的活动，竞争对于这种人的激励作用往往比较大，它可以进一步促使一个人确立目标和志向，增强自身的活力和动力，缩小自己能力与目标之间的差距。相反，一个竞争意识比较弱的人，或者一个害怕竞争的人，往往会把竞争中一时的胜负看得过重，不容易理解"胜败乃兵家常事"的道理，更缺乏把失败看作成功的先导的胸怀，一旦遇到挫折，就想从该项活动中退出。

许多人都把对手视为心腹大患，是异己，是眼中钉、肉中刺，恨不得马上除之而后快。其实只要反过来仔细一想，便会发现拥有一个强劲的对手，反而是一种福分、一种造化。因为一个强劲的对手，会让你时刻有种危机四伏的感觉，它会激发起你更加旺盛的精神和斗志。

事物的法则，永远是用进废退，这是颠扑不破的真理。一个人，要想在异常激烈的社会竞争中不被淘汰，还是有一点生存危机的好。在生活和工作当中出现竞争对手并不是一件坏事，相反，倒是一件好事，因为它能使你充满活力而富有朝气。

但是，有了竞争对手后，我们还应当树立正确的竞争观念，把对手当作生活的一面镜子，从尊重和欣赏的角度出发，学习对方的长处。在竞争中，不断完善自我，弥补自己的不足，促进自己的发展，这样才能挖掘自己的潜力，踏上成功的道路。

参考文献

[1]王志纲.我的命运我做主[M].厦门：鹭江出版社，2015.

[2]万特特.所谓命运，大多是我们自己的选择[M].北京：现代出版社，2019.

[3]雾满拦江.你要在最好的年纪，活得无可代替[M].南昌：百花洲文艺出版社，2017.

[4]净空法师.改造命运心想事成[M].北京：团结出版社，2017.